Graphische
Rohrbestimmungs-Methode

für

Wasserheizungs-Anlagen.

Von

W. SCHWEER,

konsult. Ingenieur für Heizungs- und Lüftungs-Anlagen.

Mit 8 lithographischen Tafeln und 1 Streckenteiler.

München und Berlin.

Druck und Verlag von R. Oldenbourg.

1904.

Vorwort.

Es hat einiger Überlegung bedurft, ehe ich mich entschloß, dem wohlgemeinten Rate befreundeter Fachgenossen folgend, die vorliegende Rohrbestimmungsmethode zu veröffentlichen. Galt es doch, einer vielfach tief wurzelnden Scheu vor Neuerungen entgegenzutreten. Es gibt wohl wenige Spezialisten, die bisher unerprobten Änderungen gegenüber in solchem Maße vorsichtig sind, wie gerade der Heizungsfachmann, und zwar nicht ohne Grund. Nicht etwa, daß im Heizungsfache mehr Neuerungen auftauchten, als auf anderen technischen Gebieten; nein, der Grund liegt darin, daß eine einwandfreie Prüfung neuer Einrichtungen unter Umständen mehrere Jahre erfordert. Der Heizungsingenieur wird durch oft übertriebene Vorsicht seiner Abnehmer zur größten Zurückhaltung gegenüber neuen Ideen gezwungen.

Es konnte daher gewagt erscheinen, für eine neue Methode zur Bestimmung eines solch wichtigen Teiles, wie es die Rohrleitung ist, entgegenkommendes Vertrauen zu erwarten. Von meinen einsichtigen Fachgenossen weiß ich aber, daß bei ihnen alle Zweifel mathematisch richtigen Folgerungen gegenüber schwinden, auch wenn dieselben vorläufig nur auf dem Papier stehen.

Allgemein ist anerkannt, daß die Rietschelsche Druckhöhengleichung

$$a h = \Sigma \left\{ \frac{v^2}{2g} \Sigma \zeta + \frac{v^2}{2g} \frac{\varrho}{d} l \right\}$$

über allen Zweifel erhaben sich seit mehr als 10 Jahren, so auch bei der Heizungsanlage im deutschen Reichstagsgebäude, vorzüglich in der Praxis bewährt hat.

Und diese Gleichung, durch deren Aufstellung allein schon Herr Geh. Regierungsrat Professor Rietschel sich ein unsterbliches Verdienst um die Heizungstechnik erworben hat, bildet die Grundlage der vorliegenden Rohrbestimmungsmethode. Meine Arbeit stellt sich lediglich die Aufgabe, diese Gleichung für den praktischen Gebrauch am Zeichentische möglichst bequem benutzbar zu machen und eine weitere Verbesserung der Anlagen unter gleichzeitiger Verminderung des Herstellungspreises herbeizuführen.

Sollte aber der erste Teil dieses Zieles noch nicht völlig erreicht sein, so bitte ich meine Herren Fachgenossen um gütige Nachsicht und Mitteilung ihrer diesbezüglichen Wünsche, die dann eventuell bei einer neuen Auflage Berücksichtigung finden werden.

Berlin, im April 1904.

Der Verfasser.

Inhaltsverzeichnis.

Allgemeines.

Das Wasser als wärmetragendes Fluidum hat zwei wichtige Eigenschaften, die für die Rohrbestimmung einer Wasserheizung namentlich in Betracht kommen, die große Wärmekapazität und die Verminderung seiner Dichte (d. i. die Vergrößerung des Volumens) infolge von Erwärmung.

Erstere Eigenschaft wird bei allen Wasserheizungen nutzbar gemacht; letztere ist die Quelle des Bewegungsimpulses, sofern der Heizkörper höher steht als der Kessel. Steht der Heizkörper tiefer als der Kessel, so muß eine Wasserzirkulation durch diesen Heizkörper mittels einer als Umlaufpumpe wirkenden Einrichtung herbeigeführt werden, wozu auch im weitesten Sinne die Einschaltung eines tief gelegenen Heizkörpers in den Rücklauf höher gelegener zu rechnen ist. Auch zu dem Zwecke, die Geschwindigkeit des umlaufenden Wärmeträgers, des Wassers, zu erhöhen und dadurch die Rohrweiten zu vermindern, wird wohl eine als Umlaufpumpe wirkende Einrichtung in die für alle Heizkörper in Betracht kommende vom Kessel emporsteigende Rohrstrecke eingefügt.

Derartige verwickeltere Einrichtungen werden am zweckmäßigsten betrachtet, nachdem die einfache Heizung, deren Wasserumlauf lediglich durch Veränderlichkeit der Dichte des Wassers veranlaßt wird, Erledigung gefunden hat.

Entwicklung der Grundgleichungen.

Durch Fig. 1 wird der einfachste Fall einer Wasserheizung dargestellt. K ist der Kessel, H der Heizkörper, die beide mittels Vorlauf- und Rücklaufrohr miteinander verbunden sind. Da das Wasser im Vorlauf V wärmer ist als im Rücklauf R, so ist in Wirklichkeit, wenn beide Röhren gleichen lichten Durchmesser haben, auch die Geschwindigkeit im Vorlauf größer als im Rücklauf. Da aber diese Volumenänderung einerseits sehr gering ist, andererseits auch teilweise dadurch kompensiert wird, daß auch der Röhrendurchmesser durch Erwärmung des Rohrmaterials etwas größer wird, so kann zur Ermittlung der erforderlichen Wassergeschwindigkeit für beide Röhren die mittlere Dichte des Wassers zugrunde gelegt werden.

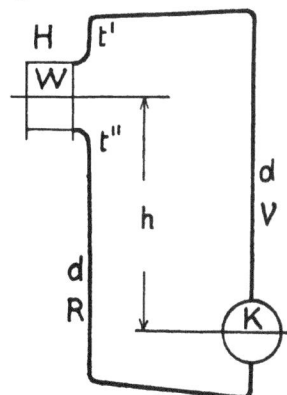

Fig. 1.

Bezüglich Vor- und Rücklaufs sei angenommen, daß sie derartig isoliert sind, daß eine Abkühlung in diesen Röhren nicht in Betracht kommt.

Bezeichnet nun

W die stündlich im Heizkörper frei werdende Wärmemenge in WE,

t' bzw. t'' die Wassertemperatur unmittelbar vor bzw. hinter dem Heizkörper,

γ' bzw. γ'' die Dichte des Wassers bei t' bzw. t'',

d den lichten Durchmesser der Röhren in Metern und

v die sekundliche Wassergeschwindigkeit im Rohr in Metern,

so ergibt sich die Beziehung:

1)
$$W = v \cdot 60 \cdot 60 \cdot \frac{d^2\pi}{4}\, 10^3\, \frac{\gamma' + \gamma''}{2}\, (t' - t'')\ \text{oder}$$

2)
$$v = \frac{W}{3\,600\,000\, \frac{d^2\pi}{4}\, \frac{\gamma' + \gamma''}{2}\, (t' - t'')},$$

in welchen Ausdruck zur Vereinfachung in Übereinstimmung mit Rietschel die
mittlere Dichte des Wassers für die bei Warmwasserheizung gebräuchlichen Tem-
peraturannahmen eingeführt werden möge.

Durch Einführung des Wertes für die mittlere Dichte bei Warmwasserheizungen
und Ausrechnung der Zahlen ergibt sich:

3)
$$v = \frac{W}{2\,756\,700}\, \frac{1}{t' - t''}\, \frac{1}{d^2}.$$

Diese Gleichung bringt die Bedingung für die e r f o r d e r l i c h e Geschwindigkeit des Wassers zum Ausdruck.

Die Bedingung für die w i r k l i c h e r r e i c h b a r e Geschwindigkeit kommt zum
Ausdruck durch die Gleichung:

4)
$$h\,(\gamma'' - \gamma') = \frac{v^2}{2\,g}\, \frac{\gamma' + \gamma''}{2} \left(\frac{\varrho}{d}\, l + \Sigma\zeta \right),$$

worin

h die Höhenlage der Heizkörpermitte in Metern, bezogen auf eine durch
die Kesselmitte gedachte Nullebene,

g die Beschleunigung der Schwere,

l die Rohrlänge in Metern,

$\varrho = 0{,}01439 + \dfrac{0{,}0094711}{\sqrt{v}}$ die Weisbachsche Formel für den Reibungs-

koeffizienten des Wassers und

$\Sigma\zeta$ die Summe der durch Richtungs- und Querschnittsänderung entstehenden
Widerstände bedeutet.

Dividiert man beide Seiten obiger Gleichung mit $\dfrac{\gamma' + \gamma''}{2}$, so erhält man die
Gleichung:

5)
$$\frac{\gamma'' - \gamma'}{\dfrac{\gamma' + \gamma''}{2}}\, h = \frac{v^2}{2\,g}\, \Sigma\zeta + \frac{v^2}{2\,g}\, \frac{\varrho}{d}\, l,$$

deren linke Seite die wirksame Druckhöhe und deren rechte Seite die Widerstandshöhe darstellt.

Mit Fischer[1]) und Rietschel[2]) soll ζ gesetzt werden für:

    ein rechtwinkliges Knie 1,

    ein rundes Knie 0,3 bis 0,5,

    einen Krümmer (Retourbogen) 0,5 bis 0,8,

    plötzliche große Querschnittsänderungen (Kessel, Heizkörper) 1,

    geöffnete Ventile 0,5 bis 1,

    geöffnete Hähne und Schieber 0,1 bis 0,3,

    kleine Querschnittsänderungen oder Bögen, deren Krümmungshalbmesser
        größer als der fünffache Rohrdurchmesser ist, 0.

In den Gleichungen 3 und 5 sind durch den betreffenden Einzelfall die Werte von W, h, l und $\Sigma \zeta$ gegeben, und durch Annahme von t' und t'' werden die Werte für γ' und γ'', v und ϱ festgelegt, und damit ist dann auch d als Funktion von W eindeutig bestimmt. Der Fall Fig. 1 ist erledigt, wenn man durch wiederholtes Einsetzen von angenommenen Werten für d schließlich einen solchen gefunden hat, der den Bedingungen der Gleichungen 3 und 5 entspricht.

Es ist aber in der Praxis der Geldkosten wegen ausgeschlossen, für die Ausführung der Anlage die Röhren genau mit den auf diese Weise durch Rechnung ermittelten lichten Durchmessern herstellen zu lassen; man ist vielmehr an die von Stufe zu Stufe um etwa 6 mm weiter werdenden Röhren des Handels gebunden. Aus diesem Grunde wäre es ein besonderer Zufall, wenn ein im Handel erhältliches Rohr der Bedingung der Gleichung 5 entsprechen würde. Man wird daher das nächste größere Handelsrohr für die Ausführung wählen müssen, da durch ein engeres Rohr dem Heizkörper H nicht die erforderliche Wärmemenge W zugeführt werden würde. Mit dem anderen d ändern sich dann aber auch alle von d abhängigen Werte von t', t'', γ', γ'', v, ϱ, und nur die durch die betreffende Anordnung gegebenen Größen h, l und $\Sigma \zeta$ bleiben dieselben. Ein größeres d hat zur Folge, daß $t' - t''$ kleiner als angenommen und die Wärmeabgabe W größer wird, und daß dadurch die übrigen Heizkörper der gleichen Anlage, bei denen $t' - t''$ vielleicht sich gar nicht oder in geringerem Maße vermindert, insofern benachteiligt werden, als sie beim Anheizen später warm und beim Abheizen früher kalt werden und allgemein, wenn bei milderem Wetter der Kessel schwächer geheizt wird, ihre Wärmeabgabe geringer wird als sie sein würde, wenn für alle Heizkörper $t' - t''$ der gemachten Annahme entspräche.

In der Wirklichkeit liegen die Verhältnisse aber so, daß eine mehr oder weniger große Anzahl von Heizkörpern durch zwei vielfach verzweigte Röhrensysteme, eins für den Vorlauf und eins für den Rücklauf des Wassers, mit dem Kessel in Verbindung stehen, und daß infolgedessen eine große Anzahl von Rohrstrecken den Kreisläufen mehrerer Heizkörper gemeinsam sind.

Wenn unter Rohrstrecke derjenige Teil der Rohrleitung, welcher bei gleichem d der gleichen Wärmemenge W zur Weiterbeförderung dient, verstanden wird, so kann natürlich in einer Rohrstrecke nur jeweilig eine bestimmte mittlere[3]) Ge-

---

[1]) Handbuch der Architektur. Darmstadt 1890.

[2]) Theorie und Praxis der Bestimmung der Rohrweiten von Warmwasserheizungen. München 1897.

[3]) Im allgemeinen nimmt natürlich wegen der Reibung die Geschwindigkeit von der Mitte des Rohrquerschnitts ausgehend nach den Rohrwänden hin ab.

schwindigkeit herrschen, die Widerstände dieser Rohrstrecke sind den Stromkreisen aller Heizkörper gemeinsam, soweit deren Wasser diese Rohrstrecke durchfließt.

Es muß dann der Bewegungsimpuls, d. i. die wirksame Druckhöhe des Heizkörpers, genau ebenso groß sein als die Summe der Widerstände jeder einzelnen in seinem Kreislaufe liegenden Rohrstrecke. Vermittelst der ihren Stromkreisen gemeinsamen Rohrstrecken stehen die einzelnen Heizkörper in einem derartigen Abhängigkeitsverhältnis von einander, daß in einen Kreislauf, dessen Druckhöhe größer ist als die Summe der Widerstände, eine größere Wassermenge hineingezogen wird, als demselben zukommt, wodurch dann die anderen Heizkörper benachteiligt werden in bezug auf Wasser- und Wärmemenge.

Wenn nun auch bei Vorhandensein von nur einem Heizkörper eine Verminderung von $t' - t''$ keine nachteiligen Folgen hat, so soll doch an diesem einfachen Beispiele eines Heizkörpers gezeigt werden, wie der Gleichung 5 unter Beibehaltung der gleichen Werte für $t' - t''$ Genüge geschehen kann.

In derselben werde mit R i e t s c h e l $\dfrac{\gamma'' - \gamma'}{\dfrac{\gamma' + \gamma''}{2}} = a$ gesetzt, also

$$a h = \frac{v^2}{2g} \Sigma \zeta + \frac{v^2}{2g} \frac{\varrho}{d} l.$$

Dann bezeichnet $\dfrac{v^2}{2g} \Sigma \zeta$ die durch die ζ-Widerstände verursachte Widerstandshöhe und $\dfrac{v^2}{2g} \dfrac{\varrho}{d} l$ die durch Reibung hervorgerufene Widerstandshöhe.

Bei gleichbleibenden t' und t'' und einem größeren als errechnetem d müßte die Ungleichheit entstehen

6)
$$a h > \frac{v^2}{2g} \Sigma \zeta + \frac{v^2}{2g} \frac{\varrho}{d} l.$$

Die Gleichheit läßt sich wieder herstellen durch Vergrößerung von $\Sigma \zeta$, d. h. durch Drosselung mittels Justiereinrichtungen oder auch durch Vergrößerung von l. Beides aber würde eine Verteuerung der Anlage bedingen außer anderen Nachteilen.

Will man $\Sigma \zeta$ nicht verändern und in der Rohrstrecke des Durchmessers d belassen, so läßt sich die Ungleichheit 6 in die folgende Gleichung umwandeln:

7)
$$a h - \frac{v^2}{2g} \Sigma \zeta - \frac{v^2}{2g} \frac{\varrho}{d} l = x \left(\frac{v_1^2}{2g} \frac{\varrho_1}{d_1} l_t - \frac{v^2}{2g} \frac{\varrho}{d} l_t \right),$$

worin x die unbekannte Rohrlänge des nächstkleineren Rohrdurchmessers d_1 und l_t die den Ordinaten der betreffenden Tafel zugrunde gelegte Rohrlänge ist. v_1 und ϱ_1 haben die dem d_1 entsprechende Größe.

Es ist dann

8)
$$x = \frac{a h - \dfrac{v^2}{2g} \Sigma \zeta - \dfrac{v^2}{2g} \dfrac{\varrho}{d} l}{\dfrac{v_1^2}{2g} \dfrac{\varrho_1}{d_1} l_t - \dfrac{v^2}{2g} \dfrac{\varrho}{d} l_t}.$$

Die Rohrleitung ist aus $l - x$ Meter Rohr des Durchmessers d und aus x Meter Rohr des Durchmessers d_1 herzustellen.

Hierdurch ist vollkommene Gleichheit zwischen wirksamer Druckhöhe und den Widerstandshöhen hergestellt ohne Änderung von $t' - t''$ und ohne Änderung von l oder $\Sigma \zeta$.

Beschreibung der Tafeln.

Die Berechnung der Widerstandshöhe von Fall zu Fall würde einen großen Zeitaufwand erfordern, und da nur eine beschränkte Anzahl von verschiedenen Rohrweiten in Betracht kommt, so liegt der Gedanke nahe, für eine größere Anzahl verschiedener Wassergeschwindigkeiten die Widerstandshöhen der einzelnen Röhren zu berechnen und in Tabellen übersichtlich zusammenzustellen, aus denen sie bei der Rohrbestimmung nach Bedarf entnommen werden.

Ein auf der Grundlage einer Skala für v berechnetes Tabellenwerk kann naturgemäß nur die Widerstandshöhen für die sprungweise Änderung von W ergeben, und zwar muß für verschiedene Durchmesser auch jedesmal eine andere sprungweise Änderung von W eintreten. Eine solche Tabelle ist also für die Auffindung des Wertes von x nicht zu gebrauchen, hierfür ist nur eine Art der Größenangabe der Widerstände geeignet, welche die kontinuierliche Änderung der Widerstände für alle Rohrdurchmesser und für alle möglichen Werte von W angibt. Es ist daher als Ausdruck der Widerstände für jeden Rohrdurchmesser ein Kontinuum von Punkten, also eine Kurve, erforderlich.

Der besseren Übersichtlichkeit wegen sind die logarithmisch berechneten Kurven der ζ-Widerstände und diejenigen für die Reibungswiderstände in zwei korrespondierende rechtwinklige Koordinatensysteme eingetragen, deren Abszissenachsen die Werte von $W = 0$ bis $W = 1\,000\,000$ WE auf je fünf Tafeln enthalten. Aus den Tafeln I, II, III, IV, V sind als Ordinaten der entsprechenden Rohrkurven die Werte von $\frac{v^2}{2g} \Sigma \zeta$ für $\Sigma \zeta = 4$ ohne weiteres mit dem Zirkel abzugreifen; aus den Tafeln Ia bis Va sind als Ordinaten die Reibungswiderstände $\frac{v^2}{2g} \frac{\varrho}{d} l$ zu entnehmen, und zwar ist für die Abszissen $W = 0$ bis $W = 30\,000$ WE als Einheit $l = 4$ m und für die Abszissen $W = 30\,000$ bis $W = 1\,000\,000$ WE als Einheit $l = 10$ m der Kurvenberechung zugrunde gelegt.

Alle Tafeln basieren auf der allgemein üblichen Annahme von $t' - t'' = 20^0$. Welch einfache Operation nur erforderlich ist, um die Tafeln auch für andere Annahmen von $t' - t''$ benutzbar zu machen, wird später gezeigt werden.

Für die Annahme der Größe von $\Sigma \zeta$ und l sind lediglich praktische Gesichtspunkte maßgebend gewesen.

Fast für jeden Heizkörperanschluß ist $\Sigma \zeta = 4$, und da bei den Wärmemengen bis $W = 30\,000$ für die Vertikalstränge sehr häufig $l = 4$ m ist, nämlich wenn die Geschoßhöhe 4 m beträgt, so wurde den Tafeln bis $W = 30\,000$ der Wert $l = 4$ m zugrunde gelegt.

Ein Vielfaches von ζ und l erschien allgemein deswegen erwünscht, damit die Tafeln ein Abgreifen erleichtern und Ungenauigkeiten beim Abgreifen sich nicht noch durch nachfolgende Multiplikation in einer das Resultat nachteilig beeinflussenden Weise vermehren. Aus diesem Grunde sind auch für $W > 30\,000$ die Reibungswiderstände für $l = 10$ m als Ordinaten eingezeichnet, und aus demselben Grunde sind unterhalb der in natürlicher Größe die Widerstände veranschaulichenden Koordinatensysteme für kleine Widerstände bis 0,005 m, wie sie bei ausgedehnteren Hauptleitungen vorkommen, besondere kleine Hilfskoordinatensysteme aufgezeichnet, aus denen die Widerstände in fünffacher Größe $\Sigma \zeta = 5 \cdot 4$ und $l = 5 \cdot 4$ m bzw. $l = 5 \cdot 10$ m entnommen werden können. Nimmt man an, daß man beim Abgreifen mit dem Zirkel eine größere Ungenauigkeit als 0,0002 m vermeiden kann, so ergibt sich für das Abgreifen aus den Hilfstafeln eine Genauigkeit bis auf $\frac{0,0002}{5 \cdot 4} = 0,00001$ m, also bis in die fünfte Dezimalstelle bzw. bis auf $\frac{0,0002}{5 \cdot 10} = 0,000004$ m, also in die sechste Dezimalstelle für die Einheit von $\Sigma \zeta$ und l.

Innerhalb jeder Tafel ist die Einteilung der Abszissenachse für W äquidistant, wodurch ein Schätzen für W zwischen den blauen Teillinien erleichtert ist. Es ist dem Praktiker ohne weiteres klar, daß man aus den Tafeln mit vollkommen ausreichender Genauigkeit für jede Wärmemenge bis $W = 1\,000\,000$ die Widerstände für $\Sigma \zeta = 4$, $l = 4$ m bzw. $l = 10$ m aus den Tafeln entnehmen kann.

Den Widerstandskurven sind die entsprechenden Rohrdurchmesser beigeschrieben, außerdem ist aus den Tafeln für die ζ-Widerstände zu ersehen, bei welchen Geschwindigkeiten des Wassers diese Widerstandshöhen auftreten.

Es müssen nun aber nicht nur für $\Sigma \zeta = 4$ und $l = 4$ bzw. $l = 10$ die Widerstandshöhen ermittelt werden können, sondern für jeden beliebigen vorkommenden Wert von $\Sigma \zeta$ und l; diesem Zwecke dient der auf der Lehre von der Ähnlichkeit der Dreiecke beruhende „Streckenteiler“, der diesem Buche beigegeben ist.

Seine Benutzung ist ohne weiteres verständlich, die aus den Tafeln für $\Sigma \zeta = 4$ oder $l = 4$ entnommene Widerstandsstrecke wird auf die für die Einheit 4 bestimmte Linie abgetragen und an dem Endpunkte die Kante des drehbaren Lineals angelegt. Diese Linealkante schneidet dann auf jeder anderen Linie die betreffende Widerstandsstrecke ab.

Mit Hilfe der Tafeln und des Streckenteilers kann man daher für jeden Wert von $\frac{v^2}{2g} \Sigma \zeta$ und $\frac{v^2}{2g} \frac{\varrho}{d} l$ den entsprechenden Widerstand in natürlicher Größe darstellen, und wenn nun auch noch $a\,h$ in natürlicher Größe bildlich zur Anschauung kommt, so ist damit auch die Unbekannte x der Gleichung 8 gefunden.

Es tritt aber für jeden Heizkörper $a\,h$ ohne weiteres in natürlicher Größe in Erscheinung, wenn man die für die Rohrbestimmung anzufertigende Strangskizze rücksichtlich der Höhe nicht willkürlich, sondern im Maßstabe $a = \frac{\gamma'' - \gamma'}{\frac{\gamma' + \gamma''}{2}}$ herstellt.

Auf Tafel VI sind für die verschiedenen Annahmen von t' und t'' die zugehörigen Höhenmaßstäbe der Strangskizze in natürlicher Größe dargestellt. In der Strangskizze lege man durch die Kesselmitte eine Horizontale (die Nullinie) und durch die Mitte jedes Heizkörpers ebenfalls eine Horizontale, dann ist der Abstand dieser Mittellinie von der Nullinie der Wert von $a\,h$ des betreffenden Heizkörpers in natürlicher Größe.

Da bei dieser Rohrbestimmungsmethode nur die Widerstände bei der Annahme von $t' - t'' = 20$ aus den Tafeln abgegriffen werden können, bedürfen die für die einzelnen Heizkörper erforderlichen W für die Eintragung in die zur Rohrbestimmung dienende Strangskizze einer Umwertung, wenn eine andere Abkühlung des Wassers als $t' - t'' = 20$ der Rohrbestimmung zugrunde gelegt werden soll.

Setzt man in Gleichung 3 den Quotienten $\dfrac{1}{t' - t''} = \dfrac{S}{20}$, also $S = \dfrac{20}{t' - t''}$ ein, so ist das Produkt WS als Wärmemenge in die Heizkörper der Strangskizze einzutragen. Die Größen von S sind aus der ersten Spalte der Maßstabtabelle auf Tafel VI für die verschiedenen Werte von $t' - t''$ zu entnehmen.

Die Strangskizze wird besonders übersichtlich, wenn die Größen für l und $\Sigma\zeta$ soweit erforderlich in dieselbe eingetragen werden, die betreffenden Werte für die Hauptleitungen vielleicht in Form einer kleinen Tabelle. Linien für Fußbodenhöhen mögen der Klarheit wegen fortbleiben; dagegen sind neben jeden Vertikalstrang die „Kräftelinien" zu ziehen, welche zwischen Nullinie und Heizkörpermitte die wirksame Druckhöhe ah darstellen, und auf welchen die aus den Tafeln entnommenen Widerstandshöhen abgetragen werden.

Benutzung der Tafeln.

In dem einfachsten Falle, Fig. 2, wird nun wie folgt verfahren:

Aus den Tafeln Ia und I ersieht man, daß bei Abszisse $W = 6000$ allgemein die Ordinaten der Rohrkurven auf Tafel I kleiner sind als auf Tafel Ia, und daß annähernd die Widerstandshöhe die gleiche sein würde, wenn $\Sigma\zeta = 0$ und $l = 15 + 5 = 20$ m sein würde. Man nimmt aus der Strangskizze ah in den Zirkel, trägt diese Höhe auf dem „Streckenteiler" auf Linie 20 ab und stellt das Lineal auf den Endpunkt der abgetragenen Höhe ein. Nun nimmt man auf Linie 4 des Streckenteilers die abgeschnittene Strecke als zulässigen Reibungswiderstand für 4 m Rohr in den Zirkel. In Tafel Ia findet man, daß die Ordinate der Abszisse $W = 6000$ für $d = 0,019$ größer, für $d = 0,025$ kleiner ist als der zulässige Widerstand, den die Zirkelspitzen markieren. Es ist also $d = 0,025$ zu wählen.

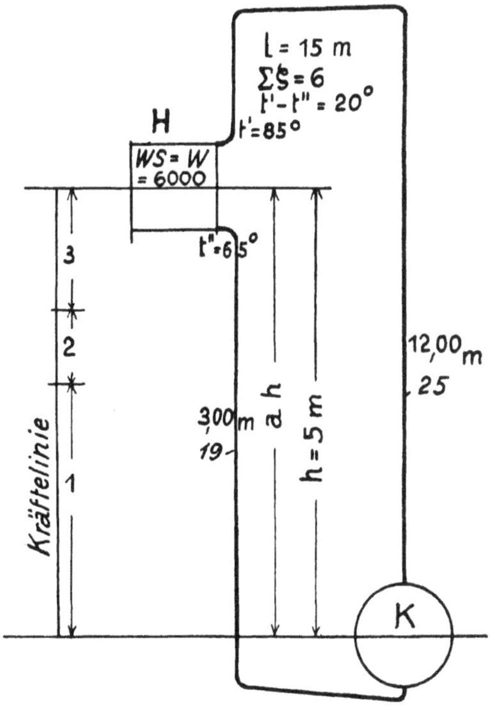

Man nimmt auf Abszisse $W = 6000$ der Tafel Ia die Ordinate für $d = 0,025$ als Widerstandshöhe für $l = 4$ m in den Zirkel, trägt diese Strecke im Streckenteiler auf Linie 4 ab, legt das Lineal an den Endpunkt und entnimmt nun auf Linie 15 des Streckenteilers die Widerstandshöhe für $l = 15$ m und trägt dieselbe

Fig. 2.

auf der Kräftelinie der Strangskizze von der Nullinie aus ab. Dieser Widerstand sei mit 1 bezeichnet. Hierauf nimmt man auf Abszisse $W = 6000$ der Tafel I die Ordinate von $d = 0,025$ als Widerstandshöhe für $\Sigma\zeta = 4$ in den Zirkel, trägt diese Strecke auf Linie 4 des Streckenteilers ab, legt das Lineal an den Endpunkt, greift mit dem Zirkel die Widerstandshöhe für $\Sigma\zeta = 6$ auf Linie 6 ab und trägt diese Widerstandshöhe ebenfalls auf der Kräftelinie der Strangskizze, wo sie mit 2 bezeichnet werden möge, ab. Damit wäre analog der bisherigen Rohr-bestimmungsweise der Fall der Fig. 2 erledigt.

Man sieht aus der Strangskizze, daß noch ein ziemlich großes Stück (3) der Druckhöhe ah nicht durch Reibungswiderstände verbraucht wird.

Diese noch verfügbar gebliebene Druckhöhe 3 hat die Größe

$$ah - \frac{v^2}{2g}\,\Sigma\zeta - \frac{v^2}{2g}\,\frac{\varrho}{d}\,l,$$

es ist dieses der Dividendus der rechten Seite der Gleichung 8.

Der Divisor der Gleichung 8 ist aus Tafel Ia auf Abszisse $W = 6000$ zu ent-nehmen, und zwar indem man den Teil der Ordinate für $d = 0,019$ der zwischen $d_1 = 0,019$ und $d = 0,025$ liegt, in den Zirkel nimmt. Diese Widerstandshöhen-differenz trägt man auf Linie 4 (den Ordinaten für $W = 6000$ ist ja $l = 4$ zu-grunde gelegt) des Streckenteilers und legt das Lineal an den Endpunkt an. Hierauf nimmt man den Dividendus $ah - \frac{v^2}{2g}\,\Sigma\zeta - \frac{v^2}{2g}\,\frac{\varrho}{d}\,l$ in den Zirkel und findet auf dem Streckenteiler, daß die unbekannte Rohrlänge x für $d_1 = 0,019$ fast genau 3 m beträgt. Demgemäß ist der Rohrzug der Anlage Fig. 2 aus 3 m Rohr von 19 mm Weite und aus 12 m Rohr von 25 mm Weite herzustellen, und zwar derart, daß die ζ-Widerstände im Rohr von 25 mm Weite liegen.

Ohne die gegebenen ζ-Widerstände zu vergrößern, ist also allein durch ent-sprechende Rohrbestimmung die Summe der Widerstandshöhen gleich der durch $t - t'' = 20^0$ bedingten wirksamen Druckhöhe gemacht. Ein derartig genau be-stimmter Kreislauf kann die Stromkreise der übrigen Heizkörper der gleichen Anlage in keiner Weise störend beeinflussen.

Praktische Anwendung und erläuternde Bemerkungen.

A. Einfache Anlage mit Verteilungsleitung unten.

An Hand eines größeren Beispiels mit 38 Heizkörpern möge diese Rohr-bestimmungsmethode näher erläutert werden. Tafel VII zeigt die Anordnung der Anlage. Als Temperaturen sind $t' = 90^0$, $t'' = 70^0$, also $t' - t'' = 20^0$ ange-nommen. Der Maßstab für die Anfertigung der Strangskizze rücksichtlich der Höhen ist aus Tafel VI und zwar aus der dritten Gruppe zu entnehmen; hier findet man auch $S = 1$, d. h. die für die einzelnen Heizkörper berechneten Wärme-mengen sind ohne Umwandlung in die Strangskizze einzutragen.

Der tiefste Heizkörper liegt mit seiner Mitte 2,5 m über Kesselmitte. Die Geschoßhöhen sind: für Erdgeschoß 4,0 m, für I. Stock 4,0 m, für II. Stock 3,9 m, für III. Stock 3,7 m, wie auch neben Strang I angegeben. Dementsprechend sind auch die Rohrlängen der Vertikalstränge, in welchen ζ-Widerstände nicht auftreten.

Die Wärmemengen, Rohrlängen und ζ-Widerstände für die Verteilungs- und Sammelleitung sowie der Anschlüsse der Vertikalstränge an dieselben sind aus den beiden Tabellen der Zeichnung (für den linken und rechten Teil der Hauptleitung getrennt) zu ersehen.

Über die ganze Länge der Strangskizze erstreckt sich die durch die Kesselmitte gelegte Nullinie, von welcher ausgehend für jeden Vertikalstrang die Kräftelinien 0_I, 0_{II}, 0_{III}, 0_{IV}, 0_V, 0_{VI} gezogen sind. Außerdem sind neben 0_I und 0_{VI} noch je eine Kräftelinie als Repräsentanten der fünffachen Größe der Druckhöhe und zum Abtragen der Widerstandshöhen der Stromkreise des ungünstigsten Heizkörpers der beiden Hauptleitungen links und rechts $0 - A_I$ und $0 - A_{VI}$ gezogen. Eine besondere Kräftelinie 0_{16} erfordert Heizkörper Nr. 16, welcher an Strang V mit dem Rücklauf und an Strang VI mit dem Vorlauf angeschlossen ist.

Die Summen der Wärmemengen derjenigen Heizkörper, welche an die betreffenden Rohrstrecken angeschlossen sind, werden den letzteren beigeschrieben. Nachdem diese Eintragungen in die Strangskizze gemacht sind, wird mit der Rohrbestimmung des Kreislaufes für den ungünstigst gelegenen Heizkörper (kleinste wirksame Druckhöhe und größte Entfernung vom Kessel) begonnen, in diesem Falle mit Heizkörper Nr. 1.

Die Tabelle links vom Kessel zeigt, daß dieser Kreislauf bei 80,6 m Länge eine $\Sigma\zeta = 10$ hat.

Die mittlere Leistung einer Rohrstrecke dieses ungünstigsten Kreislaufs ist ca. 50000 WE. In Tafel III sind die Ordinaten für $\Sigma\zeta = 4$ und in Tafel IIIa die Ordinaten für $l = 10$ m als Widerstandshöhen abgreifbar. Bei Beachtung dieses Umstandes erkennt man aus dem Vergleich der Ordinaten beider Tafeln, daß bei 50000 WE für alle Rohrkurven durchschnittlich die Widerstandshöhe für $\Sigma\zeta = 10$ etwa ebenso groß ist als die Widerstandshöhe für $l = 20$.

Zum Zwecke der Gewinnung einer normalen Widerstandshöhe für $l = 10$ m bzw. $l = 4$ m nimmt man daher an, daß für den ungünstigsten Kreislauf $\Sigma\zeta = 0$ und $l = 80,6 + 20 =$ rund 100 m sei. Man entnimmt mit dem Zirkel die wirksame Druckhöhe ah für Heizkörper (1) aus der Strangskizze, trägt sie auf Linie 30 des Streckenteilers ab und kann nun auf Linie $3 = \dfrac{30}{10}$ die normale Widerstandshöhe für $l = 10$ m abgreifen, und nach Abtragung dieser Widerstandshöhe auf Linie 10 und Anlegung des Lineals erhält man auf Linie 4 die normale Widerstandshöhe für $l = 4$ m.

Man erkennt aber, daß ein Operieren mit diesen kleinen Strecken unbequem ist und die Vermeidung von Ungenauigkeiten beim Abgreifen und Umwandeln auf dem Streckenteiler große Sorgfalt erfordern würde. Man benutzt daher für den ungünstigsten Kreislauf die kleinen Diagramme, welche die Widerstandshöhen in fünffacher Größe enthalten, und muß nun natürlich diese fünffachen Größen auf der fünffachen Druckhöhe $0 - A_I$ abtragen.

Durch Division des Gesamtwiderstandes in fünffacher Größe für $l = 100$ m auf dem Streckenteiler durch 10 bzw. 25 erhält man die Normalwiderstandsstrecke für $l = 10$ m bzw. $l = 4$ m natürlich auch in fünffacher Größe.

Diese Normalstrecken trage man, um sie für die folgenden Operationen zur Hand zu haben, neben der Tabelle der Strangskizze ab.

Nach diesen Vorbereitungen beginnt man mit der Bestimmung der Kesselstrecke für $W = 97\,290$. Die der Tafel IIIa zugrunde gelegte Länge ist $l_t = 10$ m,
also nimmt man die Normalstrecke für 10 m in den Zirkel und findet, daß die
Ordinate auf 97 290 für $d = 0,119$ nur wenig kleiner ist als die Normalstrecke.
Man schreibt 0,119 als Rohrdurchmesser dieser Rohrstrecke in die Strangskizze,
nimmt die Länge der Ordinate von $d = 0,119$ in den Zirkel, setzt sie auf Linie 10
des Streckenteilers ein, bringt das Lineal in Berührung mit der unteren Zirkel-
spitze und greift nun mit dem Zirkel auf Linie 1,5 den Widerstand für $l = 1,5$ m
ab. Für die Kesselstrecke ist, wie die Tabelle angibt, $\Sigma\zeta = 4$. Diese Widerstandshöhe kann man aber ohne weiteres auf Abszisse $W = 97\,290$ aus Tafel III entnehmen. Mit der Widerstandsstrecke für $l = 1,5$ m im Zirkel setzt man auf
Ordinate 97 290 den Zirkel so ein, daß die untere Spitze sich auf der Kurve für
$d = 0,119$ befindet, und addiert so die Widerstandsstrecken für $l = 1,5$ und $\Sigma\zeta = 4$.
Diese Summe der Widerstandsstrecken wird von 0 aus auf $0 - A_I$ abgetragen, sie
ist in der Strangskizze mit 1 bezeichnet.

Damit ist die Widerstandshöhe der Kesselstrecke für $W = 97\,290$ bestimmt.

Um das Rohr der folgenden Strecke von $W = 63\,810$ zu bestimmen, nimmt
man wieder die Normalstrecke für den Widerstand von $l = 10$ m in den Zirkel und
findet in Tafel IIIa, daß bei Abszisse $W = 63\,810$ die Widerstandshöhe für $d = 0,094$
annähernd um dasselbe Stück größer ist als die Normalstrecke, wie bei Abszisse
$W = 46\,930$ (der nächstfolgenden Rohrstrecke) die Widerstandshöhe des gleichen
Rohres kleiner ist. Man kann daher für 63 810 WE $d = 0,094$ bestimmen und in
die Strangskizze eintragen. Man nimmt nun die Ordinate von $d = 0,094$ auf
Abszisse 63 810 in den Zirkel, trägt die Strecke auf Linie 10 des Streckenteilers
ab, legt das Lineal an und entnimmt auf Linie 28 den Reibungswiderstand für
beide Röhren, Vor- und Rücklauf, und trägt diese Widerstandshöhe auf $0 - A_I$
an die Widerstandshöhe 1 für die Kesselstrecke anschließend ab. Ebenso entnimmt
man in Tafel III auf Abszisse 63 810 die Widerstandshöhe für $\Sigma\zeta = 4$, trägt diese
auf Linie 4 des Streckenteilers, legt das Lineal an und trägt die auf Linie 1 für
$\Sigma\zeta = 1$ zu entnehmende Widerstandshöhe in gleicher Weise auf $0 - A_I$ an die
Widerstandshöhe für $l = 28$ anschließend ab. Damit sind Vor- und Rücklauf für
63 810 WE erledigt. Die gesamte Widerstandshöhe für Vor- und Rücklauf von
63 810 WE ist mit 2 bezeichnet.

Man ersieht nun aus der Tabelle links, daß die nächstfolgende Wärmemenge
weder im Vorlauf noch im Rücklauf ζ-Widerstände hat; diese Rohrstrecke ist daher
sehr gut zum Ausgleich eines Druckhöhenüberschusses geeignet. Man läßt diese
Rohrstrecken bis zuletzt und setzt die Rohrbestimmung des ungünstigsten Stromkreises vom ungünstigsten Heizkörper (1) ausgehend fort.

Mit der Normalstrecke für 4 m im Zirkel findet man in Tafel Ia auf Abszisse
$W = 3200$, daß ein Heizkörperanschluß von $d = 0,034$ kleineren Widerstand bietet,
als er normal sich ergibt. Man schreibt also 34 mm als Anschluß ein, nimmt die
Ordinate auf $W = 3200$ für dieses Rohr in den Zirkel, trägt diese Widerstandshöhe auf Linie 4 des Streckenteilers, legt das Lineal an und entnimmt auf Linie 3,5
den Reibungswiderstand. Da für diesen Heizkörper (1) $\Sigma\zeta = 4$ ist, so kann man
diese Widerstandshöhe direkt aus Tafel 1 auf Abszisse $W = 3200$ für Rohr $d = 0,034$
entnehmen und gleich zu dem im Zirkel befindlichen Reibungswiderstand für

$l = 3,5$ m addieren, indem man den Zirkel so auf Ordinate 3200 einsetzt, daß die untere Spitze die Kurve 0,034 trifft und darauf den Zirkel bis zur 0-Linie öffnet.

Dieser Gesamtwiderstand des Anschlusses von Heizkörper (1) wird ebenfalls auf $0 — A_I$, aber von A_I anfangend nach unten auf der Kräftelinie abgetragen.

Es könnte nun unbekümmert um den Anschluß von Heizkörper (2) mit der Rohrbestimmung des ungünstigsten Stromkreises fortgefahren werden; es ist aber zweckmäßig, auch mit den Widerständen für (2) in fünffacher Größe zu operieren, und werde daher zunächst auch für (2) der Anschluß bestimmt, und zwar derart, daß diese Widerstandshöhe nicht größer wird als diejenige für (1).

Es sei hier bemerkt, daß man der besseren Übersicht wegen die Widerstände der Heizkörperanschlüsse zweckmäßig in gleicher Weise neben der Kräftelinie abträgt, wie die Heizkörper neben dem Vertikalstrange gezeichnet sind.

Da es erwünscht ist, für (2) ein kleineres Regulierorgan zu erhalten als für (1), so nimmt man aus Tafel Ia auf Abszisse 2000 die Ordinate für $d = 0,025$ in den Zirkel, obgleich sie größer ist als die Normalstrecke, setzt den Zirkel auf Linie 4 des Streckenteilers ein, legt das Lineal an und entnimmt auf Linie 3,4 den Reibungswiderstand.

Wie bei (1) nimmt man aus Tafel I auf Abszisse 2000 gleich den ζ-Widerstand für das gegebene $\Sigma \zeta = 4$ hinzu und trägt diese gesamte Widerstandshöhe von A_I aus auf $0 — A_I$ ab und sieht, daß dieser Widerstand größer ist als derjenige von (1). Dieser Widerstandsüberschuß $\varDelta$ muß durch teilweise Erweiterung des Anschlusses auf $d = 0,034$ beseitigt werden.

Aus Tafel Ia nimmt man auf Abszisse $W = 2000$ den Unterschied der Ordinaten für $d = 0,034$ und $d = 0,025$ in den Zirkel, trägt ihn auf Linie 4 des Streckenteilers und legt das Lineal an. Hierauf nimmt man den Überschuß $\varDelta$ in den Zirkel und sieht auf dem Streckenteiler, daß hierfür 2,3 m Rohr von 34 mm anstatt 25 mm erforderlich sein würden. Berücksichtigt man aber, daß ein Teil der ζ-Widerstände sich mit diesem weiteren Rohr vermindert, so erkennt man leicht, daß die Erweiterung des 1,7 m langen Rücklaufrohres des Heizkörpers (2) genügt, um den Widerstandsüberschuß $\varDelta$ zu beseitigen. Dieses wird im Heizkörper (2) zum Ausdruck gebracht durch Einschreiben von 25/34 als Anschluß.

Hierauf folgt die Bestimmung für 24 010 WE. Da Tafel II und IIa zur Anwendung kommen, ist die Normalstrecke für $l = 4$ in den Zirkel zu nehmen; auf Abszisse 24 010 der Tafel IIa ersieht man, daß $d = 0,070$ zu wählen ist. Die Ordinate dieses Rohres wird auf Linie 4 des Streckenteilers abgetragen, das Lineal angelegt und nun der Reibungswiderstand für Vor- und Rücklauf auf Linie 22,6 abgegriffen. Nachdem dieser Widerstand anschließend an die Heizkörperwiderstände auf $0 — A_I$ nach unten hin abgetragen und die Rohrweite 70 mm in die Strangskizze eingeschrieben ist, wird aus Tafel II auf Abszisse 24 010 der Widerstand für $\Sigma \zeta = 4$ entnommen, auf Linie 4 des Streckenteilers abgetragen, das Lineal eingestellt, auf Linie 1 der Widerstand für $\Sigma \zeta = 0,5 + 0,5$ entnommen und ebenfalls auf $0 — A_I$ abgetragen. Die Widerstandshöhe für 24 010 ist mit 4 bezeichnet.

Die nunmehr auf $0 — A_I$ verbleibende Widerstandshöhe muß durch die Wassergeschwindigkeit in den Röhren für $W = 46 930$, also in $12,5 + 12,5 = 25$ m Rohrlänge hervorgerufen werden. Man trägt diese verfügbare Widerstandsstrecke mittels Zirkels auf Linie 25 des Streckenteilers ab, legt das Lineal an und greift auf

Linie 10 den normalen Widerstand für 10 m dieser Schlußstrecke ab. Aus Tafel III a ersieht man auf Abszisse 46 930, daß die Verwendung von $d = 0,082$ einen etwas zu großen und die Verwendung von $d = 0,094$ einen erheblich zu kleinen Widerstand hervorrufen würde.

Man trägt die Ordinate für $d = 0,094$ auf Linie 10 des Streckenteilers ab, legt das Lineal an und entnimmt auf Linie 25 die Widerstandshöhe für 25 m Rohr von $d = 0,094$, welche man auf der Kräftelinie $0 — A_I$ abträgt. Hierauf nimmt man die Ordinatendifferenz von 0,082—0,094 aus Tafel III a auf Abszisse 46 930 in den Zirkel, trägt sie auf Linie 10 des Streckenteilers und legt das Lineal an, nimmt die noch übriggebliebene Widerstandsstrecke auf $0 — A_I$ in den Zirkel und findet auf dem Streckenteiler, daß dieser Differenz eine Rohrlänge von 20,5 m entspricht. Es ist also für die Leitung von 46 930 WE eine nicht weniger als 4,5 m lange Stange Rohr von 94 mm und im übrigen Rohr von 82 mm zu verwenden, was in der Strangskizze durch die Eintragung von „4,5 bis 7 m 94" bezeichnet ist, da ein Abschneiden einer ganzen Rohrstange nicht erwünscht und auch nicht nötig ist; denn eine geringere Widerstandshöhe an dieser Stelle würde die b e i d e n Rohrstränge I und II, und zwar in nicht bemerkbarem Maße begünstigen. Damit ist der ungünstigste Stromkreis erledigt.

Hiernach werden die auf der Kräftelinie $0 — A_I$ in fünffacher Größe erhaltenen Widerstandshöhen 1, 2, 3, 4 mittels des Streckenteilers der Reihe nach in Widerstandshöhen von n a t ü r l i c h e r Größe umgewandelt und alsdann soweit sie den Stromkreisen der einzelnen Vertikalstränge gemeinsam sind, auf die Kräftelinien der letzteren übertragen.

Zur Division der Strecken mit 5 greift man mittels Zirkel die betreffende Strecke auf $0 — A_I$ ab, trägt sie auf Linie 25 des Streckenteilers ab, legt das Lineal an und entnimmt auf Linie 5 die betreffende Widerstandshöhe in natürlicher Größe.

Bei Vorhandensein einer größeren Anzahl von Vertikalstrecken wird Zeit erspart, wenn man die natürlichen Größen der Widerstandshöhen mittels Zirkel nur auf 0_I abträgt und von dieser mittels Schiene auf die übrigen Kräftelinien überträgt.

Nunmehr setzt man die Rohrbestimmung des Stranges I fort. Die Heizkörperanschlüsse (1) und (2) sind bereits bestimmt. Mit dem ungünstigsten Stromkreise haben die höher gelegenen Heizkörper die Widerstandshöhen bis einschließlich 4 gemeinsam; von hier ausgehend sind daher die Widerstände für die übrigen Heizkörper von Strang I und für deren Vertikalstränge auf der Kräftelinie abzutragen. Die Widerstandsordinaten werden jetzt in natürlichen Größen aus den großen oberen Diagrammen entnommen.

Da nun in den vertikalen Röhren ζ-Widerstände gewöhnlich nicht auftreten und sich außerdem hier eine Verminderung des Rohrdurchmessers bequemer unter Verwertung von abgeschnittenen Rohrenden bewerkstelligen läßt, so sollen allgemein Druckhöhenüberschüsse in den Vertikalsträngen ausgeglichen werden. Vor den zugehörigen vertikalen Röhren sollen daher prinzipiell zuerst die Heizkörperanschlüsse bestimmt werden, deren Widerstandshöhen natürlich von der Heizkörpermittellinie aus abwärts auf der Kräftelinie abzutragen sind.

Wo zwei oder mehrere Heizkörper im gleichen Geschoß an den gleichen Vertikalstrang angeschlossen sind, wird es sich in der Regel nicht vermeiden lassen, die Differenz der Widerstandshöhen derselben durch teilweise Verwendung engerer Röhren für Vor- oder Rücklauf des Heizkörperanschlusses auszugleichen. Eigentlich sollte alsdann das engere Rohr im Rücklaufe verwendet werden, weil hier das Wasser eine größere Dichte hat. Es ist aber der Volumenunterschied im Vor- und Rücklauf so gering, daß es der Praktiker meistens vorziehen wird, den Vorlauf enger zu machen, damit das gewöhnlich in diesen eingebaute Regulierorgan enger und billiger wird.

Es ist hierbei aber zu beachten, daß die ζ-Widerstände sich nicht ganz gleichmäßig auf Vor- und Rücklauf verteilen, sondern daß in der Regel der Vorlauf wegen des in ihm befindlichen Regulierorgans in höherem Maße an den ζ-Widerständen des Heizkörperanschlusses Anteil hat als der Rücklauf. Die Art und Konstruktion des Regulierorgans ist hierbei in Betracht zu ziehen. Für gut konstruierte einfache Durchgangshähne kann jedoch bei der hier zu berücksichtigenden vollen Öffnung des Hahnes $\zeta = 0$ angenommen werden, d. h. das Vorhandensein desselben für diese Rohrbestimmung unberücksichtigt bleiben. Es treten dann in der Regel die ζ-Widerstände an folgenden Stellen auf: Am Abzweige des Vorlaufs vom Vertikalstrange, am Eintritt desselben in den Heizkörper, am Austritt des Rücklaufs aus dem Heizkörper und am Anschluß des Rücklaufs an den Vertikalstrang; und da in dem engeren Rohr mindestens eine dieser Stellen liegen muß, bei größerer Länge auch zwei oder drei, so verfährt man mit vollkommen ausreichender Genauigkeit mit der Annahme, daß bei gut konstruierten einfachen Durchgangshähnen die ζ-Widerstände sich gleichmäßig auf die Rohrlänge des Heizkörperanschlusses verteilen.

Im Prinzip ist es gleichgültig, ob der Regulierhahn im Vorlauf oder Rücklauf des Heizkörperanschlusses sich befindet, in letzterem wird man ihn nur bei sehr hohen Heizkörpern anordnen. Grundsätzlich soll nun angenommen werden, daß bei einer teilweisen Verengung eines Heizkörperanschlusses dieselbe am Heizkörper selbst, und zwar mit dem Regulierhahne anfange, sodaß, wenn überhaupt eine Rohrverengung sich als nötig erweist, zunächst immer der Regulierhahn enger wird.

Nachdem von mehreren Heizkörpern gleicher Höhenlage der Anschluß des einen derartig bestimmt ist, daß seine Widerstandshöhe ungefähr gleich der für die zugehörigen Vertikalstrecken übrigbleibenden Widerstandshöhe ist, werden die Anschlüsse der übrigen Heizkörper derartig bestimmt, daß die für die zugehörigen Vertikalstrecken nach Anschluß des ersten Heizkörpers verfügbar gebliebene Widerstandshöhe nicht geändert wird. Die untere Begrenzung der Widerstandshöhe des ersten Heizkörpers ist auch für die übrigen gleicher Höhenlage am selben Strange maßgebend.

Indem man die gleichmäßig verteilt angenommenen ζ-Widerstände in Beziehung zur Länge des Anschlußrohres bringt, erhält die Gleichung 8 die nachstehende Form:

9)
$$x = \frac{a h - \frac{v^2}{2g} \Sigma\zeta - \frac{v^2}{2g} \frac{\varrho}{d} l}{\frac{l_t}{l} \frac{\Sigma\zeta}{\zeta_t} \left(\frac{v_1^2}{2g} \zeta_t - \frac{v^2}{2g} \zeta_t \right) + \left(\frac{v_1^2}{2g} \frac{\varrho_1}{d_1} l_t - \frac{v^2}{2g} \frac{\varrho}{d} l_t \right)},$$

2*

14 Praktische Anwendung und erläuternde Bemerkungen.

worin ζ_t die den Ordinaten der ζ-Tafeln zugrunde gelegte Größe für ζ, nämlich 4, bedeutet. Bis $W = 30000$ ist auch $l_t = 4$; ist daher $W \lesseqgtr 30000$, so vereinfacht sich die Gleichung 9 in

10)
$$x = \frac{a\,h - \dfrac{v^2}{2g}\,\Sigma\zeta - \dfrac{v^2}{2g}\,\dfrac{\varrho}{d}\,l}{\dfrac{\Sigma\zeta}{l}\left(\dfrac{v_1^2}{2g}\,\zeta_t - \dfrac{v^2}{2g}\,\zeta_t\right) + \left(\dfrac{v_1^2}{2g}\,\dfrac{\varrho_1}{d_1}\,l_t - \dfrac{v^2}{2g}\,\dfrac{\varrho}{d}\,l_t\right)}.$$

Der erste Summand des Divisors wird wie folgt gefunden: Die eingeklammerte Differenz der ζ-Widerstände wird direkt der ζ-Tafel entnommen, auf diejenige Linie des Streckenteilers, welche die Rohrlänge des Heizkörperanschlusses bezeichnet, aufgetragen, das Lineal angelegt und nun auf derjenigen Linie, welche die dem Heizkörperanschluß zukommende $\Sigma\zeta$ bezeichnet, der Summand abgegriffen. Aus der Tafel für die Reibungswiderstände nimmt man alsdann die Differenz der betreffenden Rohrordinaten noch hinzu und trägt den so erhaltenen Divisor auf Linie 4 des Streckenteilers ab. Nach Anlegung des Lineals findet man mit dem verbliebenen Druckhöhenüberschuß im Zirkel die gesuchte Länge x des nächstengeren Rohres. Das ursprünglich angenommene weitere Rohr erhält die Länge $l - x$.

An Strang I ist im ersten Stock nur ein Heizkörper (11) angeschlossen. Betrachtet man die Ordinaten auf Abszisse $W = 18810$ der Wärmemenge des zugehörigen Vertikalstranges, so erkennt man ohne Zuhilfenahme des Zirkels, daß für den Vertikalstrang $d = 0,034$ Verwendung finden muß und daß für den Heizkörperanschluß eine ziemlich große Widerstandshöhe verfügbar bleibt, so daß man als Anschlußleitung $d = 0,019$ wählen kann. Aus Tafel Ia entnimmt man auf Abszisse $W = 3150$ für $d = 0,019$ die Ordinate, trägt sie auf Linie 4 des Streckenteilers, nach Anlegung des Lineals entnimmt man auf Linie 3,6 die auf die Kräftelinie von der Heizkörpermitte abwärts zu übertragende Widerstandshöhe, an diese Strecke trägt man in gleicher Weise den Widerstand für $\Sigma\zeta = 4,5$ an.

Nochmals sei hier bemerkt: Die Widerstandshöhen der Heizkörperanschlüsse werden von der Mittellinie des betreffenden Heizkörpers anfangend auf der Kräftelinie (natürlich abwärts) abgetragen. Nimmt man nun die übrigbleibende Widerstandshöhe für 8 m Vor- und Rücklauf im Vertikalstrang in den Zirkel, verwandelt sie mittels Streckenteilers in eine solche für 4 m (die der Tafel zugrunde gelegte Länge), so ersieht man auf Abszisse 18810, daß die Ordinate von $d = 0,034$ noch etwas kleiner ist als die im Zirkel befindliche Widerstandshöhe; man schreibt daher $d = 34$ mm als Rohrdurchmesser ein, nimmt die Ordinate desselben in den Zirkel und trägt sie zweimal (für $l = 2 \cdot 4 = 8$ m) auf der Kräftelinie 0_I, bei der oberen Grenze des Widerstandes 4 anfangend, ab. Es bleibt dann zwischen dem Widerstande für (11) und demjenigen für die Vertikalröhren noch ein kleiner Druckhöhenüberschuß $\varDelta$, den man in zweierlei Weise ausgleichen kann, und zwar durch teilweise Verengung entweder des Vertikalrohres oder des Heizkörperanschlusses; ersteres würde natürlich auch die Widerstände im Kreislauf der höher gelegenen Heizkörper vergrößern und außerdem nur eine Verengung von 0,40 m[1]) Rohr von 34 auf 25 mm ermöglichen. Für den

---

[1]) Um diese kleinen Rohrlängen mittels Streckenteilers möglichst genau zu erhalten, ist die Ordinatendifferenz anstatt auf Linie 4 auf Linie 20 des Streckenteilers abgetragen, mit

Anschluß des Heizkörpers (11) zeigt sich dagegen unter Anwendung der Gleichung 10, daß in denselben ein 0,44 m[1]) langes Rohr von 14 mm eingeschaltet werden kann.

Es wird die Differenz der ζ-Ordinaten für $d_1 = 0,014$ und $d = 0,019$ auf Abszisse 3150 auf die Linie 3,6 des Streckenteilers übertragen, das Lineal angelegt und auf Linie 4,5 diejenige Widerstandshöhe abgegriffen, die bei gleichmäßiger Verteilung der ζ-Widerstände ein 4,0 m langer Anschluß m e h r bekommen würde durch Verengung von 19 mm Rohr auf 14 mm. Zu dieser Widerstandshöhe nimmt man aus Tafel I a auf Abszisse 3150 die Ordinatendifferenz der gleichen Röhren. Man hat nun den Divisor von Gleichung 10 im Zirkel, d. h. diejenige Widerstandshöhe, die ein Anschluß von 4 m Länge bei Verengung von 19 mm auf 14 mm haben würde. Dieser Wert wird auf Linie 4 des Streckenteilers abgetragen, das Lineal angelegt und nun mit dem verbliebenen Druckhöhenüberschuß im Zirkel diejenige Rohrlänge, durch deren Verengung eine dem Druckhöhenüberschuß gleiche Widerstandshöhe hervorgerufen wird, auf dem Streckenteiler aufgesucht.

Der Regulierhahn und etwa 0,40 m Rohr erhalten also 14 mm, die übrige Anschlußleitung im Vor- und Rücklauf hat 19 mm Weite.

Es werden nun die Anschlüsse für die Heizkörper (17) und (18) bestimmt. Allgemein ergeben sich gute Verhältnisse, wenn man die Heizkörperanschlüsse so bestimmt, daß ihre Widerstandshöhe fast ebenso groß wird als diejenige der zugehörigen Vertikalstränge. Hiernach ist, wie ein Vergleich der verfügbaren Widerstandshöhe mit den Ordinaten auf Abszisse $W = 2000$ zeigt, für den Heizkörper (18) ein Anschluß von 14 mm zu wählen.

Aus Tafel I a wird auf Abszisse 2000 die Ordinate von $d = 0,014$ in den Zirkel genommen, mittels Streckenteilers auf diejenige für $l = 3,2$ m vermindert, von der Mittellinie aus auf 0_I abgetragen, in gleicher Weise die Widerstandshöhe für $\Sigma \zeta = 4,5$ abgetragen und für (18) der Durchmesser 14 mm eingeschrieben.

Die gleiche Widerstandshöhe wie (18) soll auch Heizkörper (17) erhalten. Aus der Tafel ersieht man sofort, daß 19 mm zu weit und 14 mm zu eng sein wird. Mittels Streckenteilers nimmt man die Widerstandshöhe für 3 m Rohr von 19 mm in den Zirkel, addiert ohne weiteres zu dieser im Zirkel befindlichen Strecke die Widerstandshöhe für $\Sigma \zeta = 4$ und trägt diese Widerstandshöhe ebenfalls, von der Mittellinie ausgehend, links auf der Kräftelinie ab. Der Widerstand für (17) ist erheblich kleiner als für (18); letzterer Heizkörper würde benachteiligt sein. Es wird daher gemäß Gleichung 10 verfahren, wie bei Heizkörper (11) ausführlich beschrieben ist, wodurch sich einschließlich Regulierhahn eine Verengung von 1,25 m Rohr auf 14 mm ergibt.

Die verfügbar bleibende Widerstandshöhe ist durch Reibung in 8 m Rohr des Vertikalstranges hervorzurufen. Der Augenschein überzeugt einen, daß 25 mm-Rohr erheblich zu eng sein würde. Es wird die Ordinate für $d = 0,034$ auf Abszisse $W = 15\,660$ der Tafel II a in den Zirkel genommen und, da es sich um $2 \cdot 4 = 8$ m Rohr handelt, zweimal auf der Kräftelinie abgetragen. Zur Beseitigung des ziemlich bedeutenden Druckhöhenüberschusses wird auf Linie 4 des Strecken-

---

dem Überschuß $\varDelta$ im Zirkel erhält man auf dem Streckenteiler die f ü n f f a c h e Rohrlänge, die dann noch durch 5 geteilt werden muß.

teilers die Differenz der Ordinaten von 25—34 abgetragen, das Lineal angelegt und mit dem Druckhöhenüberschusse im Zirkel eine Rohrstrecke von 2,5 m 25er Rohr gefunden. Diese Abmessungen werden in die Strangskizze eingetragen.

Es folgt die Bestimmung der Anschlüsse für Heizkörper (24) und (25). Für (25) ist, wie ein Blick in die Tafel Ia zeigt, als passendstes Rohr 14 mm zu wählen. Unter Benutzung des Streckenteilers ist für (25) die Widerstandshöhe des 14er Rohres abgetragen. Zum Ausgleich des Überschusses an Druckhöhe des Heizkörpers (24) ist in gleicher Weise verfahren, wie bei dem im ersten Stock gelegenen Heizkörper (11) beschrieben.

Der Vertikalstrang für 10810 WE erhält im Vor- und Rücklauf einen Durchmesser von 25 mm, der übrigbleibende Druckhöhenüberschuß $\varDelta$ ermöglicht noch die Verengung von 0,34 m Rohr auf 19 mm. Um die im III. und IV. Stock gelegenen Heizkörper nicht zu begünstigen, ist der Einbau dieser kurzen engeren Rohrstrecke nötig; es erscheint auch aus den praktischen Gesichtspunkten, daß dadurch das darüber liegende Kreuzstück billiger wird und solche kurzen Rohrstücke sonst als Abfall zum alten Eisen kommen würden, zweckmäßig, die Verwendung dieses kurzen Rohrstückes dem Monteur auf der Ausführungszeichnung vorzuschreiben, und zwar im Vorlauf unterhalb des Kreuzstückes.

Unter Beachtung der bei Bestimmung von (17) und (18) aufgestellten allgemeinen Regel ergeben sich für (32) und (33) Anschlüsse von 19 mm, deren Widerstandshöhen fast gleich sind, deren völlige Gleichheit sich durch Verengung von 0,3 m Rohr auf 14 mm ergibt. Nachdem außer den Rohrweiten auch die Widerstandshöhen für (32) und (33) in die Strangskizze in mehrfach erörterter Weise eingetragen sind, ergibt sich auf der Kräftelinie die für $2 \cdot 3,7 = 7,4$ m verfügbare Widerstandshöhe.

Nachdem man diese Widerstandshöhe für 7,4 m mittels Streckenteilers in eine solche für 4 m verwandelt hat, erkennt man sogleich, daß 25er Rohr zu wenig und 19er zu viel Reibungswiderstand hat. Es wird daher zunächst die Widerstandshöhe für 25er Rohr in bekannter Weise ermittelt und abgetragen; der verbleibende Druckhöhenüberschuß $\varDelta$ ergibt die Verengung von 5,0 m Rohr auf 19 mm, so daß nur 2,4 m aus 25er Rohr herzustellen sind. Wie schon früher gesagt, ist es theoretisch ziemlich gleichgültig, an welcher Stelle dieses Rohrstück sitzt, aus praktischen Gründen wird man es am besten an das im Rücklaufe bei (24) und (25) befindliche Kreuzstück montieren.

Nachdem somit der Strang I erledigt ist, sei noch bemerkt, daß allgemein weite Heizkörperanschlüsse enge Vertikalröhren zur Folge haben und umgekehrt. Man hat es also innerhalb gewisser Grenzen in der Hand, die Anschlüsse enger zu bestimmen, was bei Anwendung teurer Regulierorgane vorteilhaft sein kann. Es ist aber zu berücksichtigen, daß bei dieser Rohrbestimmungsmethode Justiereinrichtungen an Regulierorganen zwecklos sind, Regulierhähne also auch bei guter Konstruktion billig sein können, und daß auf dem Wege vom Kessel zum Heizkörper das Wasser eine um so größere Abkühlung erfährt, je langsamer es fließt. Liegen z. B. zur teilweisen Erwärmung der Flure die Steigeröhren unbekleidet in Rohrschlitzen oder gänzlich frei, so wird bei geringer Geschwindigkeit in hohen Gebäuden die Eintrittstemperatur der höchsten Heizkörper schon meßbar geringer sein als diejenige der tief gelegenen Heizkörper.

Die Tabelle der Maßstäbe für a zeigt aber, daß mit Verminderung der Eintrittstemperatur die wirksame Druckhöhe sich vermindert, in gleicher Weise muß sich die Widerstandshöhe vermindern, das Wasser muß sich in den höchsten Heizkörpern um mehr als 20^0 abkühlen; wenn allgemein der Rohrbestimmung $t' - t'' = 20^0$ zugrunde gelegt war, tritt das Wasser mit $t' - \tau'$ ein und mit $t'' - \tau''$ aus, worin $\tau'' > \tau'$. Da aber die Wärmeabgabe der Heizkörper mit dem Unterschiede der mittleren Temperaturen zwischen Zimmerluft und Wasser abnimmt, so können allein schon die infolge von sehr engen Heizkörperanschlüssen sich ergebenden sehr weiten Steigeröhren eine ungenügende Wärmeabgabe der höchstgelegenen Heizkörper bewirken. Eine zentrale Wärmeregelung, bestehend in schwächerem Heizen bei milderem Wetter, würde die mangelhafte Wärmeabgabe der höchstgelegenen Heizkörper noch mehr fühlbar machen.[1]

Es geht aus dieser Betrachtung hervor, daß die Heizkörperanschlüsse derartig weit zu bestimmen sind, daß die Vertikalröhren nicht zu weit werden.

Aus der Rohrbestimmung des Stranges I geht ferner hervor, daß es namentlich bei dem ungünstigsten Stromkreise auf größere Genauigkeit ankommt, daß aber für die höher liegenden Rohrstrecken die Bestimmung mittels der großen Diagramme (Widerstände in natürlicher Größe) so genaue Werte für Widerstände und enger gewordene Rohrstrecken liefert, daß bei einiger Übung auch ohne Benutzung des Streckenteilers allein durch Schätzung nahe bei 4 liegende Werte von $\Sigma \zeta$ und l genügend genau erhalten werden, zumal die Einschätzung der ζ-Werte doch im gewissen Maße von den Ansichten des Projektierenden abhängt.

Der Kreislauf des Stranges II hat mit I die Widerstandshöhen 1, 2, 3 gemeinsam. Heizkörper (3) ist im Vor- und Rücklaufe mit 19er Rohr angeschlossen. Bei Heizkörper (4) konnte der Vorlauf von 25 mm auf 19 mm verengt werden und zwar in einer Länge von 0,7 m.

Der Anschluß von Strang II an den ungünstigsten Stromkreis mußte mit 49er Rohr erfolgen.

Heizkörper (13) ist mit 14er Rohr angeschlossen, dagegen ergab sich für (12) die Notwendigkeit, 0,5 m Rohr 19 mm weit zu machen, wenn die beiden zugehörigen Vertikalröhren in ganzer Länge 34 mm weit werden sollten.

Heizkörper (19) erhielt im Vor- und Rücklaufe 14er Rohr; der nach Abtragung des Widerstandes für $2 \cdot 4$ m Rohr von 25 mm sich ergebende Druckhöhenüberschuß wurde benutzt, um 0,65 m des Steigerohres auf 19 mm zu verengen, wodurch sich für den Vorlaufanschluß von (19) ein billigeres T-Stück ergibt.

Die Heizkörper (26) und (27) sind im Vor- und Rücklaufe mit 14er Rohr angeschlossen und haben gleiche Widerstandshöhen, weil die kleinere Wärmemenge einen längeren Anschluß hat. In dem zugehörigen Vertikalstrange ist die nötige Verjüngung im Rücklaufe bewirkt.

Die Heizkörper (34) und (35) haben fast gleiche Widerstandshöhen bei 14 mm Anschluß. Die Steigeröhren für (34) und (35) konnten in 5,8 m Länge auf 19 mm verengt werden.

---

[1] Hierin liegt auch die Erklärung für die wohl bei Anlagen mit zu weiten Röhren auftretende Erscheinung, daß es mit Hilfe von Justiereinrichtungen bei den höchst gelegenen Heizkörpern nicht gelingen will, die Justierung so einzustellen, daß die Heizkörper gleichmäßig gut funktionieren. Entweder benachteiligen sie bei normalem Heizbetriebe die tiefer gelegenen Heizkörper, oder sie werden bei schwachem Heizbetriebe nicht warm genug.

Damit ist auch Strang II erledigt.

An Strang III ist für eine als vorhanden gedachte Veranda, die 8000 WE erfordert, eine glatte Rohrschlange von 12 m Baulänge vorgesehen. Die drei sich ergebenden Rohrstränge sind der geringeren Reibung wegen n e b e n einander geschaltet, so daß jeder Strang 2667 WE abzugeben hat. Hierdurch wird die Widerstandshöhe der Heizschlange selbst verschwindend klein.

Würden dagegen die 72 m Rohr h i n t e r einander geschaltet sein, so würde sich für 8000 WE und $5 \cdot 4 = 20$ m Rohrlänge schon 4 mm, für 72 m, also 14,4 mm Reibungswiderstand ergeben, die ζ-Widerstände wären auch größer geworden, sodaß alsdann ein Anschluß dieser Heizschlange untunlich gewesen wäre. Bei der Parallelschaltung von drei Rohrzügen ergibt sich nur die geringe mit r bezeichnete Widerstandshöhe in der Heizschlange selbst.

Mit Rücksicht darauf, daß Strang III eine verhältnismäßig lange Anschlußleitung hat und die Widerstandshöhen für die Operation mit dem Zirkel unbequem klein werden, ist neben die Kräftelinie für Strang III in natürlicher Größe eine solche in fünffacher Größe gezogen, und zwar für denjenigen Teil von Strang III, welcher mit den Anschlußröhren für 16 880 WE beginnt und mit den Heizkörpern (5) und (6) endet. Diese Kräftelinie hat in der Strangskizze die Länge $O - A_5$ für Heizkörper (5) und $O - A_6$ für Heizkörper (6). Auf derselben werden nun die Widerstandshöhen der in Betracht kommenden Rohrstrecken abgetragen. Hierbei zeigt sich, daß die Widerstandshöhen für (5) so groß werden, daß sie in fünffacher Größe nicht mehr abgegriffen werden können. Man entnimmt sie daher in natürlicher Größe den Tafeln, verwandelt den aus der Tafel I a abgegriffenen Wert für $l = 4$ in einen solchen für $l = 2$, addiert den Wert für $\Sigma \zeta = 4$, trägt diese Summe auf Linie 4 des Streckenteilers, legt das Lineal an, entnimmt auf Linie $5 \cdot 4 = 20$ die fünffache Größe des Widerstandes und trägt sie auf der Kräftelinie ab. In gleicher Weise verfährt man bei Aufsuchung der von 19 auf 14 mm zu vermindernden Rohrlänge. Bei Bestimmung des Anschlusses von Strang III an die Hauptleitung wird gänzlich mit Widerständen in fünffacher Größe operiert. Die in fünffacher Größe erhaltenen Widerstände werden mittels Streckenteilers auf natürliche Größe gebracht und auf die Kräftelinie O_{III} übertragen.

Heizkörper (14) gibt zu Bemerkungen keinen Anlaß. Die Widerstandshöhen für (14) und (20) fangen in gleicher Höhe auf der Kräftelinie an. Die 0,7 m lange Strecke von 14er Rohr wird wieder für den Einbau des Regulierhahnes an den Eingang zum Heizkörper gelegt.

Damit sind die Hauptleitung und die Stränge links vom Kessel erledigt.

Für den ungünstigsten Kreislauf der Hauptleitung rechts vom Kessel ist wieder die Kräftelinie $O - A_{VI}$ für die fünffachen Widerstandshöhen gezogen. Die Anschlußstrecken des Stranges VI müssen für Vor- und Rücklauf getrennt bestimmt werden, da die Zirkulation durch Heizkörper (16) nach Strang V übergeht; aus gleichem Anlaß ist für Heizkörper (16) auch eine besondere Kräftelinie $O - A_{16}$ gezogen, auf welcher die Widerstandshöhen dieses Heizkörpers gesondert abgetragen werden, soweit sie von denjenigen der Kräftelinie O_{VI} abweichen.

Die Anschlüsse der Heizkörper (9) und (10) sind ebenfalls in fünffacher Größe ermittelt und auf $O - A_{VI}$ abgetragen.

Wie bei der Hauptleitung links werden auch hier die fünffachen Widerstände auf $O - A_{VI}$ in natürlicher Größe und, soweit sie den betreffenden Steigesträngen gemeinsam sind, auch auf die übrigen Kräftelinien übertragen. Hiernach werden in mehrfach erörterter Weise mit den großen Diagrammen die Rohrweiten ermittelt, die Widerstandshöhen in natürlicher Größe auf den Kräftelinien abgetragen und die ermittelten Rohrweiten eingetragen, bei den Rohrstrecken mit Verengung auch die Rohrlänge des engeren Rohres.

Der Stromkreis für Heizkörper (16) wird zweckmäßig zuerst bestimmt, weil von dem Widerstande desselben teilweise auch die Bestimmung von VI und V abhängt. Die Widerstandshöhen der zum Heizkörper (16) gehörenden Rohrstrecken von V werden auch auf den Kräftelinien $O - A_{16}$ und O_V abgetragen.

Zu Strang VI ist noch zu bemerken, daß bei der Rohrbestimmung für $W = 3420$ der 4 m lange Vorlauf mit dem 8 m langen Rücklauf für die gleiche Wärmemenge zusammengefaßt ist.

Bei Strang V ist bemerkenswert, daß die Heizkörper (29) und (37) einen verhältnismäßig weiten Anschluß erhalten. Dieselben sind abhängig von den in gleicher Höhe stehenden Heizkörpern (30) und (38) insofern, als die Widerstandshöhen der letzteren denjenigen von (29) und (37) gleich sein sollen. Obgleich für (30) und (38) die engsten üblichen Röhren von 11 mm Anwendung gefunden haben, ergaben sich nur geringe Widerstandshöhen, die für die Anschlüsse von (29) und (37) maßgebend sind, damit diese Heizkörper nicht zugunsten von (30) und (38) benachteiligt werden. Es tritt so bei (37) der Fall auf, daß der Heizkörperanschluß teilweise weiter wird, als die zugehörige Steigeröhre, an die gleichzeitig noch ein zweiter Heizkörper (38) angeschlossen ist.

Da ζ-Widerstände zum Zwecke der Vergrößerung der Widerstandshöhe prinzipiell vermieden werden sollen, so würde sich eine größere Widerstandshöhe für (30) und (38) nur dadurch erreichen lassen, daß man Heizkörperformen mit großem eigenen Widerstande, Schlangen aus engem Rohr, anwendet.

Immerhin sieht man aus diesem Falle, daß es theoretisch nicht richtig ist, wenn manche Praktiker gegenüber dem Rohr von 11 mm Weite sich ablehnend verhalten. Nach Ansicht des Verfassers gibt es auch keine praktischen Gründe, die stichhaltig genug wären zur Umgehung des 11 mm-Rohres.

Durch sachgemäße Montage der Röhren läßt sich das Ansammeln und Festsetzen von Luft vermeiden. Die Einfriergefahr ist wohl etwas größer als bei weiten Röhren; aber auch diese müssen so untergebracht werden, daß ihr Inhalt dem Frost nicht ausgesetzt ist. Verstopfungen treten bei 11 mm-Rohr weniger leicht auf als bei unnatürlichen Widerständen, sog. Justiervorrichtungen, die manchmal derartig eng gedrosselt sind, daß einige Stückchen Rohrzunder genügen, um eine Verstopfung herbeizuführen.

Strang IV zeigt, daß auch verhältnismäßig große Heizkörper (28) mit 11 mm-Rohr angeschlossen werden können. Für die Anwendung von 11 mm weiten Heizkörperanschlüssen spricht aber noch der praktische Gesichtspunkt, daß sich dieselben bei etwaigem Platzmangel (ein häufig vorkommender Fall) bequem bewerkstelligen lassen.

Bei diesem hiermit erledigten Beispiele liegen sämtliche Heizkörper mindestens 2,5 m oberhalb der Kesselmitte. In solchen Fällen, wo ein entfernt gelegener

Heizkörper nur wenig über Kesselmitte liegt, kann es vorteilhaft sein, denselben in den Rücklauf eines höher liegenden Heizkörpers einzuschalten. Liegt ein Heizkörper t i e f e r als der Kessel, so ist eine solche Einschaltung n o t w e n d i g.

Bevor die Anwendung dieser Rohrbestimmungsmethode an einem Beispiele mit oben liegender Wasserverteilung gezeigt wird, sei daher zunächst diese Schaltung erörtert.

B. Gekuppelte Heizkörper verschiedener Höhenlage.

Sind in mehreren übereinander liegenden Räumen untergeordneter Bedeutung die Heizkörper ohne Absperr- oder Regulierorgane derartig miteinander verbunden, daß aus dem am höchsten gelegenen Heizkörper das Rücklaufwasser als Vorlaufwasser in den nächst tieferen gelangt, so ist es mit Rücksicht auf die übrigen Rohrstränge der gesamten Anlage geboten, die Rohrleitung für die so gekuppelten Heizkörper derartig zu dimensionieren, daß zwischen dem Vorlauf des obersten und dem Rücklauf des untersten Heizkörpers dieselbe Temperaturdifferenz $t' - t''$ besteht, wie sie der Berechnung der Gesamtanlage zugrunde gelegt ist.

Über die auftretenden Widerstandshöhen kann ein Zweifel nicht obwalten; denn diese hängen lediglich von der Wassermenge und Geschwindigkeit ab, die Höhenlage der Heizkörper kommt nur indirekt insofern in Frage, als durch diese Höhenlage die Geschwindigkeit des Wassers bedingt wird.

Von unten nach oben fortschreitend seien die Heizkörper mit (1), (2), (3) bezeichnet, ihre Wärmeabgabe sei W_1, W_2, W_3, die Abkühlung des Wassers betrage in den Heizkörpern α_1, α_2, $\alpha_3{}^0$, dann ist $\alpha_1 + \alpha_2 + \alpha_3 = t' - t''$ und

$$\frac{\alpha_1}{W_1} = \frac{\alpha_2}{W_2} = \frac{\alpha_3}{W_3} = \frac{t' - t''}{W_1 + W_2 + W_3},$$

woraus sich ergibt

$$11_1) \qquad \alpha_1 = \frac{(t' - t'')\,W_1}{W_1 + W_2 + W_3},$$

$$11_2) \qquad \alpha_2 = \frac{(t' - t'')\,W_2}{W_1 + W_2 + W_3},$$

$$11_3) \qquad \alpha_3 = \frac{(t' - t'')\,W_3}{W_1 + W_2 + W_3}.$$

Hieraus läßt sich ohne weiteres die Ein- und Austrittstemperatur jedes Heizkörpers berechnen und mit Benutzung der Fischerschen Formel

$$\gamma = \frac{1000 - 0{,}004\,t^2}{1000}$$

der Wert von $a = \dfrac{\gamma'' - \gamma'}{\dfrac{\gamma' + \gamma''}{2}}$ auch für Bruchteile von Temperaturgraden ermitteln.

Werden die berechneten Werte von a der Reihe nach mit a_1, a_2, a_3 und die Höhenlagen der Heizkörper zu der durch die Kesselmitte gelegten Nullinie mit

h_1, h_2, h_3 bezeichnet, so ist die wirksame Druckhöhe der drei gekuppelten Heiz-körper

$$a\,h = a_1\,h_1 + a_2\,h_2 + a_3\,h_3,$$

wobei zu beachten, daß die Höhe unterhalb der Nullinie negativ ist.

Es ist dann $a\,h$ auf der Kräftelinie abzutragen, und die Röhren sind so zu bestimmen, daß die Summe der Widerstandshöhen der Druckhöhe gleich ist.

Diese genaue Rohrbestimmung ist aber ziemlich zeitraubend durch Berück-sichtigung des Umstandes, daß die Dichte des Wassers nicht gleichmäßig mit der Temperaturabnahme sich vergrößert. Diese Verschiedenheit der Veränderung ist um so kleiner, je enger die Grenzen dieser Temperaturänderung sind.

Den Diagrammen zum Abgreifen der Widerstandshöhen ist $t' - t'' = 20^0$ zu-grunde gelegt. Macht man die vereinfachende Annahme, daß innerhalb dieser Temperaturgrenzen die Dichte des Wassers in gleichem Maße zunimmt, wie sich die Temperatur vermindert, so ist der hiermit begangene Fehler im allgemeinen nicht größer als $4^0/_0$ und zwar zugunsten dieses Rohrstranges; d. h. diese Rohr-bestimmungsmethode ergibt alsdann Rohrdimensionen, welche bewirken, daß $t' - t'' < 20$ und zwar etwa $= 19,2^0$ ist.

Diese Vereinfachung erscheint um so mehr zulässig, als sie eine etwas größere Wärmeabgabe zur Folge hat. Im übrigen werden aber durch diese Rohrbestimmungsmethode die Druckhöhen völlig durch die Widerstandshöhen ausgeglichen, so daß hieraus keinerlei Abweichung von der zugrunde gelegten Temperaturdifferenz resultiert.

Es ist dann:

$$a_1\,h_1 = \frac{a\,h_1}{20}\,\alpha_1$$

$$a_2\,h_2 = \frac{a\,h_2}{20}\,\alpha_2$$

und

$$a_3\,h_3 = \frac{a\,h_3}{30}\,\alpha_3,$$

und die wirksame Druckhöhe der Gesamtheit der so gekuppelten Heizkörper ist

$$a\,h = \frac{a\,h_1}{20}\,\alpha_1 + \frac{a\,h_2}{20}\,\alpha_2 + \frac{a\,h_3}{20}\,\alpha_3.$$

Es bedarf keines Beweises, daß diese Gleichung in erweiterter Form für jede beliebige Anzahl gekuppelter Heizkörper gilt.

Für zwei Heizkörper (1) und (2) hat sie die verkürzte Form:

$$a\,h = \frac{a\,h_1}{20}\,\alpha_1 + \frac{a\,h_2}{20}\,\alpha_2.$$

Die Anwendung der Gleichung sei an einem derartigen einfachen Beispiele gezeigt, und zwar soll (1) tiefer liegen als der Kessel.

Fig. 3 stellt diesen Fall dar. Heizkörper (1) liegt 1 m unter, Heizkörper (2) 6 m über der durch die Kesselmitte gelegten O-Linie.

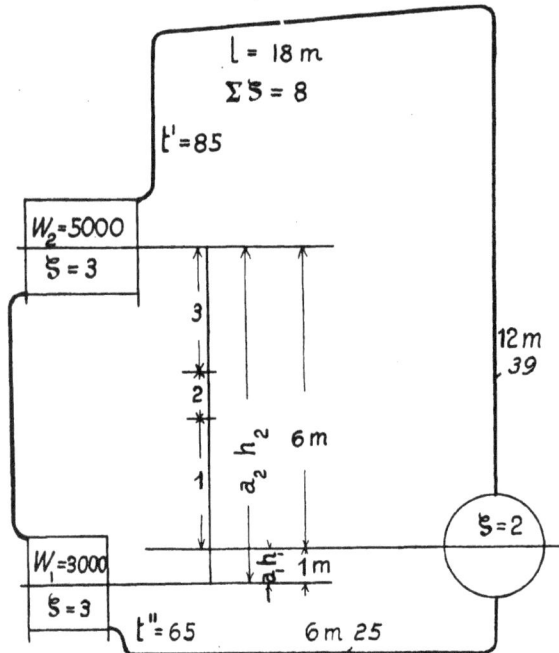

Die Wärmemengen, Rohrlänge und ζ-Widerstände sind in die Strangskizze eingeschrieben.

Bevor die Heizkörper eingetragen sind, ist die Höhenlage von deren Mittellinie zur O-Linie festgelegt.

$$a_1 h_1 = \frac{a\, h_1}{20}\, \alpha_1.$$

Nach Gleichung 11_i ist

$$\alpha_1 = \frac{(t' - t'')\, W_1}{W_1 + W_2 + W_3};$$

in diesem Falle ist $W_3 = O$.

Dann ist

$$12_1)\quad a_1 h_1 = \frac{a\, h_1\, W_1}{W_1 + W_2},$$

$$12_2)\quad a_2 h_2 = \frac{a\, h_2\, W_2}{W_1 + W_2}.$$

Die Wärmemengen W_1 und W_2 sind nötigenfalls durch Multiplikation mit S derartig umzuformen, daß sie der den Tafeln zugrunde gelegten Annahme von $t' - t'' = 20$ entsprechen.

In den Gleichungen 12_1 und 12_2 sind h_1, h_2, W_1 und W_2 aus der gegebenen Anordnung bekannt.

Für Heizkörper (1) ist $h_1 = -1$ m, $W_1 = 3000$ und $W_1 + W_2 = 8000$.

Für Fig. 3 ist $t' = 85$ und $t'' = 65$ angenommen.

Aus der Tabelle der Höhenmaßstäbe entnimmt man $a\, h_1$ und trägt diese Strecke auf eine Linie des Streckenteilers, die zu $W_1 + W_2 = 8000$ in einem bequemen Zahlenverhältnis steht, auf Linie 8, ab, legt das Lineal an und greift auf Linie 3, entsprechend $W_1 = 3000$, alsdann $a_1 h_1$ ab.

Hierdurch ist die Druckhöhe von Heizkörper (1) festgelegt. Da aber $a_1 h_1$ als negativer Summand von $a_2 h_2$ zu subtrahieren ist, so geschieht dies in einfachster Weise dadurch, daß man die Druckhöhe $a_2 h_2$ von der Mittellinie von (1) anfangend in der Strangskizze abträgt, anstatt von der O-Linie ausgehend. Das über die Nullinie hinausgehende Stück von $a_2 h_2$ stellt dann denjenigen Teil der Druckhöhe $a_2 h_2 - a_1 h_1$ dar, der durch die Widerstandshöhensumme ausgeglichen werden soll.

Es wird $a\, h_2$ ebenfalls der Maßstabtabelle entnommen, auf Linie 8 des Streckenteilers gebracht, das Lineal angelegt, auf Linie 5 für $W = 5000$ die Druckhöhe $a_2 h_2$ abgegriffen und in der Strangskizze von der Mittellinie von (1) nach oben hin abgetragen. Damit ist die Druckhöhe der Heizkörper (1) und (2) bestimmt.

Fig. 3.

Bei der Rohrbestimmung wird nun in bekannter Weise verfahren. Ein Vergleich der Ordinaten in Tafel I und Ia auf Abszisse $W = 8000$ zeigt, daß annähernd die Widerstandshöhe für $\Sigma \zeta = 8$ gleich der Widerstandshöhe für $l = 6$ ist. Man trägt daher $a_2 h_2 - a_1 h_1$ auf Linie $18 + 6 = 24$ des Streckenteilers, legt das Lineal an, entnimmt auf Linie 4 die normale Widerstandshöhe für $l = 4$ m, findet mit dieser im Zirkel, daß $d = 0,034$ ist. Die Ordinate dieser Kurve auf Abszisse 8000 wird mit dem Zirkel auf Linie 4 des Streckenteilers getragen, das Lineal angelegt, auf Linie 18 die Widerstandshöhe für $l = 18$ m entnommen, in der Strangskizze auf $a_2 h_2$, von der O-Linie anfangend, abgetragen und mit 1 bezeichnet, in gleicher Weise wird die Widerstandshöhe für $\Sigma \zeta = 8$ abgetragen und mit 2 bezeichnet. Es bleibt alsdann noch ein erheblicher Druckhöhenüberschuß 3, für deren Ausgleich man in bekannter Weise durch Abtragung der Ordinatendifferenz von 0,025—0,034 auf Linie 4 und nach Anlegung des Lineals mit dem Druckhöhenüberschuß im Zirkel auf dem Streckenteiler die Länge des engeren Rohres findet. Die Rohrlänge für $d = 0,025$ ist 6,0 m.

Es könnte zu Irrtümern auf der Strangskizze führen, wenn neben einer Anzahl unabhängiger Heizkörper einzelne gekuppelte Heizkörper in dem Maßstabe der ihnen zukommenden Druckhöhe eingetragen würden. Es ist dieses auch durchaus nicht unbedingt erforderlich, sie sollen vielmehr im gleichen Geschoß gezeichnet werden, in welchem sie Aufstellung finden. Es wird dann nachträglich die Lage der Mittellinie für die gekuppelten Heizkörper bestimmt aus der Gleichung

13) $$a h = \frac{a h_1 W_1}{W_1 + W_2 + W_3} + \frac{a h_2 W_2}{W_1 + W_2 + W_3} + \frac{a h_3 W_3}{W_1 + W_2 + W_3}.$$

$a h$ ergibt sich durch Addition der nach den Gleichungen 12 gefundenen Strecken.

C. Verteilungsleitung oben.

Während bei der Verteilung des Vorlaufwassers von unten für die höher gelegenen Heizkörper auch die Widerstandshöhen der unteren Heizkörper (von dem Heizkörperanschlusse abgesehen) zu berücksichtigen sind, kommen bei oben liegender Wasserverteilung für den Vorlauf der oberen Heizkörper die unteren vertikalen Vorlaufstrecken in Fortfall. Es würde leicht zu Irrtümern führen können, wenn man bei oberer Wasserverteilung nur e i n e Kräftelinie für sämtliche Geschoße anwenden wollte; es wird daher empfohlen, für die Heizkörper j e d e s Geschosses je eine besondere Kräftelinie neben den betreffenden Rohrstrang zu zeichnen, auf welcher diejenigen Widerstandshöhen abgetragen werden, welche den Heizkörpern des betreffenden Geschosses zukommen. Abgesehen vom Heizkörperanschlusse werden die Widerstandshöhen auch hier, von der Nullinie anfangend, nach oben hin abgetragen. Die Abtragung geschieht auf e i n e r Kräftelinie, soweit die abzutragenden Widerstandshöhen allen Heizkörpern des gleichen Stranges gemeinsam sind, beim Aufhören dieser Gemeinschaft erfolgt die Übertragung der gesamten Widerstandshöhe auch auf die übrigen Kräftelinien des gleichen Vertikalstranges.

Am gleichen Vertikalstrange liegende gekuppelte Heizkörper erhalten natürlich nur e i n e Kräftelinie, denn dieselben sind als ein einziger Heizkörper aufzufassen, dessen Wärmeabgabe in verschiedenen Höhen bruchteilweise erfolgt.

Tafel VIII stellt die Strangskizze mit obenliegender Verteilungsleitung dar. Als Wassertemperaturen sind $t' = 90^0$ und $t'' = 65^0$, also $t' - t'' = 25^0$ angenommen. Der Höhenmaßstab für die Strangskizze ist dieser Annahme entsprechend der Maßstabtafel zu entnehmen. In der ersten Rubrik findet man für $t' - t'' = 25$ den Wert für $S = \frac{4}{5}$. Es müssen also bei Eintragung der Wärmemengen in die Strangskizze die Zahlen derselben mit $\frac{4}{5}$ multipliziert werden.

Längen und ζ-Widerstände sind in die Strangskizze eingetragen; die beiden Tabellen rechts und links vom Hauptsteigerohr haben nur den Zweck, die Summierung der Rohrlängen und $\Sigma\zeta$ für die beiden ungünstigsten Stromkreise zu erleichtern. Es geht aus den Tabellen hervor, daß es erwünscht ist, die Hilfskräftelinie für die fünffachen Widerstandshöhen zu benutzen. Außer den Mittellinien und gewöhnlichen Kräftelinien sind daher auch für die fünffachen Widerstandshöhen die Kräftelinien $O - A_I$ und $O - A_{VII}$ gezogen. Letztere enthält die mit der linken Hauptleitung gemeinsamen Widerstandshöhen, die auf O_{VII} in natürlicher Größe abgetragen sind, nicht und fängt daher in entsprechendem Abstande von der Nullinie an.

Zunächst wird wieder für den ungünstigsten Kreislauf die normale Widerstandsstrecke bestimmt, wobei der Widerstand für $\Sigma\zeta = 10$ annähernd gleichwertig mit dem Widerstande für $l = 12$ m ermittelt wurde. Die Normalstrecke für 10 m und 4 m Rohrlänge ist neben der Tabelle markiert.

Die Bestimmung der Röhren, Ermittlung und Eintragung der Widerstandshöhen geschieht in gleicher Weise, wie bei der Wasserverteilung von unten eingehend beschrieben ist. Die Strecken mit gleicher Wärmemenge sind auch hier wieder zusammengefaßt; ebenso ist die Widerstandshöhe der Kesselstrecke als erste von der Nullinie aus abgetragen, während die Widerstandshöhen der Heizkörperstrecken (1) und (2) von A_I ausgehend nach unten hin abgetragen sind.

Hierauf sind die fünffachen Widerstände von $O - A_I$ in natürlicher Größe auf die Kräftelinie der Heizkörper (1) und (2) übertragen. Es ist nun zu beachten, daß die Rohrstrecke für 4000 WE. dem Stromkreise von (11) und (12) sowie (19) und (20) nicht angehört, folglich wird diese Widerstandsstrecke auch nicht auf deren Kräftelinie übertragen. Das Gleiche gilt betreffs 9200 WE. bezügl. (19) und (20).

Durch Anwendung der Gleichung 10 sind die Widerstandshöhen von Heizkörper (11) und (12) sowie diejenigen von (19) und (20) einander gleich gemacht.

Bei Strang II ist zu bemerken, daß die Heizkörper derselben Etage verschiedene Höhe haben, wodurch sich im Vorlauf zwei kurze Rohrstrecken von 0,5 m Länge ergeben; um auch für diese die Widerstandshöhen ermitteln zu können, ist für den Anschluß von (4) die Hilfskräftelinie A_{II} gezogen. Man sieht, daß die T-Stücke für den Vorlauf von (14) und (22) hierdurch enger und billiger werden als für (13) und (21).

Bei Strang III ist bemerkenswert, daß selbst bei dem engen Anschluß von 11 mm für (23) noch ein beträchtlicher Druckhöhenüberschuß vorhanden ist, der durch Widerstände im Heizkörper selbst (Rohrschlange aus 19 mm bzw. 14 mm Rohr) auszugleichen ist.

Bei Strang IV ist zunächst die Lage der Mittellinie für die gekuppelten Heizkörper (6) und (28) festzustellen. Beide zusammen haben 3000 WE abzugeben, Heizkörper (6) 2000 und Heizkörper (28) 1000 WE. Man nimmt den Abstand der Mittellinie von (28) von der Nullinie in den Zirkel, trägt ihn auf Linie 30 des Streckenteilers, legt das Lineal an und greift auf Linie 10 den Wert für $(a\,h)_{28}$ ab, durch eine horizontale Linie ist diese negative Druckhöhe markiert. Es muß nun die positive Druckhöhe von (6) nicht nur die Reibungswiderstände sondern auch die negative Druckhöhe von (28) ausgleichen. Man nimmt den Höhenabstand für (6) von der Nullinie in den Zirkel, trägt denselben auf Linie 30 des Streckenteilers und greift auf Linie 20 die Druckhöhe $(a\,h)_6$ ab. Diese wird nun aber nicht von der Nullinie aus, sondern von der negativen Druckhöhe des Heizkörpers (28) aus auf der Kräftelinie abgetragen. Der oberhalb der Nullinie liegende Abschnitt der Druckhöhe muß dann durch die Widerstandshöhen ausgeglichen werden. Da im übrigen nichts zu bemerken bleibt, ist damit die Hauptleitung „links" erledigt.

Für die Hauptleitung „rechts" kommen nur Wärmemengen von weniger als 30 000 WE in Betracht, und wurde daher nur die Normalstrecke für 4 m neben der kleinen Tabelle markiert.

Heizkörper (7) gibt keinen Anlaß zu Bemerkungen.

Bei Strang V ist vielleicht bemerkenswert, daß bei Heizkörper (25) gezeigt worden ist, wie man zu verfahren hat, wenn der Anschluß zu eng gewählt ist, so daß die Druckhöhe über die Mittellinie des Heizkörpers hinausragt. Die fehlende Druckhöhe wird durch die negative Widerstandshöhe für 1,5 m 14 mm-Rohr anstatt 11 mm-Rohr ausgeglichen.

In Strang VI sind vier Heizkörper in Räumen untergeordneter Bedeutung miteinander derartig verbunden, daß der Rücklauf des oberen gleichzeitig der Vorlauf des nächst tieferen Heizkörpers ist.

Durch Anwendung von Gleichung 13 wird die Druckhöhe ermittelt. Man nimmt den negativen Höhenabstand des Heizkörpers (29) von der Nullinie in den Zirkel, trägt ihn auf Linie 23,25 des Streckenteilers (d. i. 4650 : 20) ab, legt das Lineal an und entnimmt auf Linie 6,25 (d. i. 1250 : 20) die negative Druckhöhe $(a\,h)_{29}$, die man von der Nullinie aus nach unten auf der Kräftelinie abträgt. Alsdann nimmt man den Höhenabstand von (9) in den Zirkel, trägt ihn ebenfalls auf Linie 23,25 des Streckenteilers ab, legt das Lineal an und greift auf Linie 6,0 die Druckhöhe $(a\,h)_9$ ab, die man vom Endpunkte von $(a\,h)_{29}$ aus auf der Kräftelinie abträgt; in gleicher Weise werden die Druckhöhen $(a\,h)_{17}$ und $(a\,h)_{26}$ auf der Kräftelinie abgetragen. Die Summe dieser Druckhöhen muß dann mittels entsprechender Rohrwahl durch die Widerstandshöhen ausgeglichen werden.

In Strang VII ist gezeigt, wie diese Rohrbestimmungsmethode auch beim sog. „Einrohrsystem" Anwendung finden kann. Die Heizkörper (10), (18), (27) schließen mit ihrem Vor- und Rücklauf an das gleiche Rohr an. Es ist angenommen, daß jeder Heizkörper ein Regulierorgan besitzt. Bei den verschiedenen dadurch gegebenen Möglichkeiten der Temperaturbeeinflußung des Wassers ist es naturgemäß ausgeschlossen, die Röhren derartig zu bestimmen, daß sich stets Druckhöhe und Widerstandshöhe ausgleichen. Zu empfehlen ist dieses System nicht; es kann aber in der Praxis doch vorkommen, daß im ganz besonderen Falle von dieser Einrichtung Gebrauch gemacht wird, und soll deshalb der Vollständigkeit

wegen auch hier gezeigt werden, wie in solchem Falle diese Rohrbestimmungsmethode Anwendung finden kann, um brauchbare Rohrweiten zu erhalten.

Ist jeder der drei Heizkörper (10), (18), (27) mit einem Regulierhahn ver-
sehen, und werden nur deren Grenzstellungen „offen" (o) und „zu" (z) betrachtet,
so können folgende Möglichkeiten auftreten:

Fall	(10)	(18)	(27)
1	o	z	z
2	o	o	z
3	o	o	o
4	o	z	o
5	z	o	z
6	z	o	o
7	z	z	o
8	z	z	z

Es sind nur die drei ersten Fälle in Betracht zu ziehen; denn dieses sind
offenbar die ungünstigsten.

Im Falle 1 ist die Rohrleitung so bestimmt, als wenn (18) und (27) nicht
vorhanden wären. Im Falle 2 ist angenommen, daß (10) und (18) gekuppelt wären.
Es trifft dieses in Wirklichkeit nicht zu, um aber einen möglichst großen Teil des
Rücklaufwassers von (18) zu zwingen, auch durch (10) zu gehen, ist neben (10)
das Vertikalrohr nur 14 mm stark. Diese Verengung ist auch in den Fällen 5, 6, 7
unschädlich; was bei einer Verengung auf 11 mm nicht mehr der Fall sein würde.
Namentlich für die Fälle 6 und 7 werden die Röhren zu weit sein.

Es geht schon aus dieser Betrachtung hervor, daß man wie auch bei den
gekuppelten Heizkörpern in den verschiedenen Höhen mit sehr verschiedener
Wärmeabgabe pro Flächeneinheit rechnen muß, daß aber bei dem „Einrohrsystem"
sich die Wärmeabgabe auch noch je nach Stellung der Regulierhähne der übrigen
Heizkörper nicht unwesentlich ändert. Außerdem erkennt man, daß das „Einrohrsystem" an sich die Anlage nur wenig billiger macht. Aus allen diesen
Gründen kann nur unter ganz besonderen Umständen eine derartige Anordnung
eine gewisse Berechtigung haben.

Damit wären die verschiedenen Arten der Rohranordnung der auf Gewichts-
differenz allein beruhenden Wasserheizung besprochen, und es erscheint geboten,
an diese Rohrbestimmungsmethode einige Betrachtungen anzuknüpfen.

Aus der Tatsache, daß die Höhenlage des Heizkörpers über dem Kessel in
Verbindung mit dem Maße der Abkühlung des Wassers in demselben die bestim-
menden Umstände für die Druckhöhe des Heizkörpers sind, geht hervor, daß
nicht die Erwärmung des Wassers im Kessel, sondern die Abkühlung desselben
im Heizkörper der eigentliche Bewegungsimpuls des Wassers ist. Die Erwärmung
im Kessel erfolgt für alle Heizkörper gemeinschaftlich und in gleicher Weise; aber
die Druckhöhen sind d a v o n abhängig, in w e l c h e m M a ß e das Wasser im Heizkörper abgekühlt wird, und wie hoch derselbe über dem Kessel liegt. Jeder einzelne Heizkörper ist gewissermaßen als Pumpe von solcher Wirksamkeit anzusehen,
daß die Reibungs- und ζ-Widerstände des betreffenden Stromkreises durch die

Pumpe überwunden werden. Sind die Widerstände zu klein, so wird die Wassergeschwindigkeit größer, die Abkühlung im Heizkörper kleiner und in denjenigen Rücklaufröhren, welche dieser Stromkreis mit anderen Heizkörpern gemeinsam hat, ist die Wassertemperatur des Gemisches höher, als sie sein sollte. Herrscht diese höhere Gemischtemperatur bereits im Vertikalrohre, so wird dadurch die Wirkung der Pumpe der übrigen Heizkörper vermindert, die Zirkulation des Wassers durch diese wird langsamer, die Abkühlung infolgedessen größer, bis diese größere Abkühlung auch die richtige Temperatur in den gemeinsamen Rücklaufröhren herbeigeführt hat. *Also die Endwirkung eines Druckhöhenüberschusses in einem Stromkreise ist eine geringere Wärmeabgabe derjenigen Heizkörper, welche mit dem betreffenden Stromkreise vertikale Rohrstrecken im Rücklauf gemeinsam haben.*

Die benachbarten Heizkörper werden aber auch dadurch beeinträchtigt, daß in einem Kreislaufe mit zu geringem Widerstande das Wasser im Vorlauf schneller zirkuliert, folglich auch die Reibung in gemeinsamen Vorlaufrohrstrecken sich vergrößert, welcher Umstand wieder anderseits die Reibung in dem Stromkreise der benachbarten Heizkörper vergrößert, also auch wieder die Endwirkung hat, daß im Heizkörper das Wasser länger verweilt, mehr abkühlt und die Wärmeabgabe der Flächeneinheit des Heizkörpers sich vermindert.

Natürlich ist der ungünstige Einfluß eines derartig durch zu geringe Widerstände bevorzugten Heizkörpers auf die benachbarten um so störender, je größer der Druckhöhenüberschuß und je größer die Wärmeabgabe desselben an sich ist.

D. Schnellumlauf-Heizung.

In neuerer Zeit ist eine Heizungsart entstanden, bei der eine als zentrale Pumpe wirkende Einrichtung den Umlauf des Wassers beschleunigt; diese Einrichtung hat man daher Schnellumlaufheizung genannt. Sie bezweckt bei umfangreichen Anlagen die Verminderung der Rohrweiten und macht die Höhenlage des Kessels von derjenigen der Heizkörper unabhängig.

Es liegt außerhalb des Rahmens dieses Buches, die zu diesem Zwecke schon ersonnenen Einrichtungen, zu denen auch noch stets neue hinzukommen, näher im einzelnen zu beschreiben und ihre Vorzüge und Schwächen — wo Licht ist, pflegt auch Schatten zu sein — zu erörtern. Es genügt für den vorliegenden Zweck vollkommen die Tatsache, daß sich im Hauptvorlaufrohre zwischen Kessel und Ausdehnungsgefäß nicht nur Wasser, sondern in einer mehr oder weniger langen Strecke desselben ein Gemisch von Wasser und Dampf befindet. Je nach dem Grade der Beimischung von Dampf ist die Dichte dieses Gemisches geringer.

In bezug auf den Wasserumlauf hat also diese als Motor wirkende Einrichtung die gleiche Wirkung, als wenn der Kessel eine tiefere Lage bekommen hätte, ohne daß durch eine längere Rohrleitung neue Widerstände auftreten.

Für diese Rohrbestimmung hat also der Motor des Schnellumlaufs die Wirkung, daß die Nullinie nicht durch die Mitte des Kessels, sondern um so viel tiefer gelegt wird, als die Druckhöhe des Motors beträgt. Diese muß daher bekannt sein.

Fig. 4 stellt eine Schnellumlaufheizung mit drei übereinander liegenden Heizkörpern (1), (2), (3) dar; der Kessel liegt annähernd in gleicher Höhe mit Heizkörper (1). Unterhalb des Ausdehnungsgefäßes ist der Motor angedeutet.

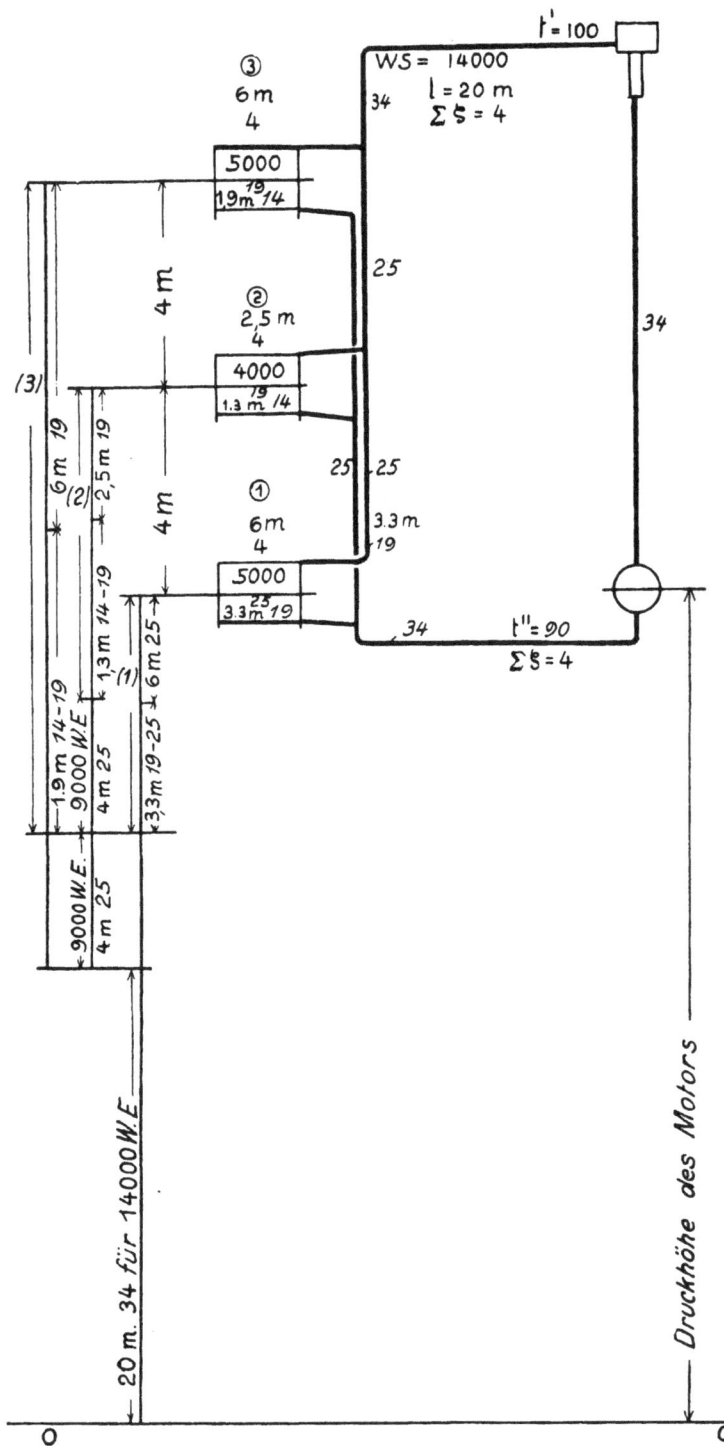

Fig. 4.

Auch bei dieser Schnellumlaufheizung kann man t' und t'' nach Belieben annehmen; zu dieser Annahme ist zu erwähnen, daß durch einen größeren Wert für $t' - t''$ die Röhren enger werden und die Heizkörper größer sein müssen als bei Annahme eines kleineren Wertes für $t' - t''$. Für dieses Beispiel ist $t' = 100^0$ und $t'' = 90^0$ angenommen. Tafel VI ergibt für $t' - t'' = 10$ einen Wert für $S = 2$. In die Strangskizze sind also die für die Heizkörper berechneten Wärmemengen doppelt so groß einzutragen, als wie sie in Wirklichkeit sind. Die Rohrbestimmung und Eintragung der Widerstandshöhen gibt zu Bemerkungen keinen Anlaß.

Es ist in dieser Strangskizze nur eine geringe Druckhöhe des Motors (ca. 0,115 m) angenommen. Natürlich ist es nicht nötig, bei großen Druckhöhen auch der Strangskizze eine dieser Druckhöhe entsprechende Höhe zu geben.

Ebenso wie man für eine lange Verteilungsleitung der gewöhnlichen Wasserheizung eine Hilfskräftelinie in fünffacher Größe benutzt, um mit kleinen Widerstandshöhen bequemer und genauer operieren zu können, ebenso kann man hier Hilfskräftelinien in $^1/_4$, $^1/_5$, $^1/_{10}$ oder $^1/_{20}$ natürlicher Größe anwenden, um auf ihnen die Widerstandshöhen im gleichen Maßstabe abzutragen. Die Wahl dieses Maßstabes hängt von der gegebenen Druckhöhe des Motors ab und wird dem Praktiker keine Schwierigkeiten machen, sodaß die Genauigkeit der Rohrbestimmung in keiner Weise leidet. Je größer die Motordruckhöhe, desto größer wird in den Röhren die Geschwindigkeit und desto größer werden auch die abzutragenden Widerstandshöhen.

Schlußbemerkungen.

Aus der Anwendung dieser Rohrbestimmungsmethode geht hervor, daß man stets in der Lage ist, allein durch Bestimmung der Röhren in bezug auf Durchmesser und Länge die Druckhöhe jedes Heizkörpers durch die Summe der Widerstandshöhen völlig auszugleichen, also ohne Anwendung von Justiereinrichtungen, deren halbwegs richtige Einstellung schon bei einer Anlage mittleren Umfanges große Geschicklichkeit erfordert, gewöhnlich erst nach längerem Probieren gelingt und wieder sofort unrichtig ist, wenn bei mäßiger Kälte schwächer geheizt wird. Alsdann kann solcher Notbehelf sogar dazu führen, daß einzelne Heizkörper völlig kalt bleiben.

Wird bei schwachem Heizen die Geschwindigkeit des Wassers geringer, so vermindert sich auch die Größe der ζ-Widerstände in höherem Maaße als diejenige der Reibungswiderstände. Die durch Justierung gedrosselten Heizkörperanschlüsse nehmen anderen das warme Wasser weg, wenn dieser Ausdruck hier erlaubt ist.

Es könnte nun der Einwand erhoben werden, daß auch bei der sorgfältigst dimensionierten Rohrleitung ein oder mehrere geschlossene Regulierhähne die benachbarten Heizkörper begünstigen. Dieser Einwand ist zutreffend; aber es wird hierdurch kein einziger Heizkörper benachteiligt, alle anderen Heizkörper werden vielmehr hierdurch begünstigt und zwar um so mehr, je größer die Gemeinschaft ihrer Stromkreise mit denjenigen der abgestellten Heizkörper ist. Macht sich eine solche Begünstigung durch Überheizung der Räume unangenehm bemerkbar, so ist dem Mißstande durch teilweises Schließen des Regulierhahnes in dem betreffenden Zimmer selbst sofort abzuhelfen. Anders liegt aber die Sache, wenn bei schwächerem Heizen die Verminderung der durch Justierung erzeugten Widerstände erfolgt und dann diesem Heizkörper zu viel Wärme zugeführt wird. Die Notlage der benachbarten Heizkörper kann in diesem Falle nur behoben werden durch teilweises oder gänzliches Abstellen des für normalen Betrieb justierten Heizkörpers, und dieser befindet sich in einem anderen Zimmer, meistens in einem anderen Geschoße, im Falle eines Mietshauses also in einer fremden Wohnung. Die Anwendung von Justiereinrichtungen zur Beseitigung eines Druckhöhenüberschusses hat also bei mäßigem Heizen große Unannehmlichkeiten zur Folge, sie beeinträchtigt die zentrale Regulierung der Anlage durch schwächeres Heizen.

Es ist nicht zu verkennen, daß auch die ζ-Widerstände, wie sie durch die Anlage gegeben sind, sich bei schwachem Heizen in größerem Maße vermindern als die Reibungswiderstände. Diese natürlichen ζ-Widerstände sind aber gering, sehr gering gegenüber den unnatürlichen, durch Drosselung hervorgerufenen ζ-Widerständen. Während selten bei einem Heizkörperanschluß $\Sigma \zeta = 4$ überschritten wird, müssen die unnatürlichen ζ-Widerstände zum Zwecke der Justierung nicht selten bis $\Sigma \zeta = 80$, sogar über 100 gesteigert werden, um die gewünschte Wirkung zu erreichen. Außerdem werden die an jedem Heizkörper in annähernd gleichem geringen Maße auftretenden ζ-Widerstände fast vollständig dadurch kompensiert, daß sie eben an jedem Heizkörper auftreten, während die zum Zwecke der Justierung geschaffenen künstlichen ζ-Widerstände durch ihr vereinzeltes Vorkommen besonders schädlich wirken.

Es ist eine bekannte Tatsache, daß manche Praktiker geflissentlich die Anwendung von Röhren und Regulierhähnen von 11 mm Weite vermeiden in der Befürchtung, dieselben könnten Anlaß zu Verstopfungen geben; dieselben Praktiker scheuen sich aber nicht, Justierventile und -Hähne bis auf 2 oder 1 mm zu schließen, um ein einigermaßen gleichmäßiges Funktionieren der Anlage zu erzwingen.

Da es bisher nicht möglich war, einen völligen Ausgleich von Druckhöhe und Widerstandshöhe herbeizuführen, hatten die Justiereinrichtungen auch eine gewisse Berechtigung. Durch diese Rohrbestimmungsmethode werden solche unnatürlichen Widerstände aber überflüssig. Sie verteuern die Anlage in zweifacher Hinsicht: einmal durch ihren eigenen Preis oder, wenn sie mit dem Regulierhahne kombiniert sind, durch den Mehrpreis des letzteren und dann durch Verteuerung der Rohrleitung; denn ihre Anwendung setzt ja die Beseitigung von Druckhöhenüberschuß voraus, die nach dieser Rohrbestimmungsmethode durch entsprechende Verminderung der Rohrweiten besser erreicht wird und gleichzeitig die Rohrleitung enger und billiger macht.

Daß auch aus Schönheitsgründen die Verengung der Röhren gegenüber den Justiereinrichtungen den Vorzug verdient, sei nur nebenbei erwähnt.

Durch Anwendung dieser Rohrbestimmungsmethode ist ein vorzügliches Funktionieren der umfangreichsten Anlage unter denkbar geringstem Materialaufwand gewährleistet. Ein Heizungsingenieur, der die Rohrbestimmung nach der alten Weise bewirkt und zur Beseitigung der Druckhöhenüberschüsse Justiereinrichtungen anwendet, würde einem Heizer, der selbst bei mildem Wetter eine für — 20° C Außentemperatur ausreichende Brennstoffmenge aufwendet und diesen Fehler durch Einlassen kalter Luft in die Kesselzüge, sowie durch Herausziehen und Ablöschen des glühenden Brennstoffes zu beseitigen sucht, nicht den Vorwurf der Brennstoffvergeudung machen können; denn in bezug auf Güte der Anlage und Vergeudung von Material handelt er ebensowenig sachgemäß.

Soll die Möglichkeit einer späteren Vergrößerung vorgesehen werden, so sind die Verteilungsleitungen und Vertikalstränge unter der Annahme zu bestimmen, daß diese eventuelle spätere Vergrößerung ebenfalls sogleich ausgeführt wird. Die Heizkörperanschlüsse werden aber unter der Annahme bestimmt, daß diese Vergrößerung n i c h t zur Ausführung kommt.

Wird später die Vergrößerung ausgeführt, so sind nur die benachbarten Heizkörperanschlüsse (am gleichen Strange) zu erweitern. Ist aber eine spätere Rohrveränderung an diesen Heizkörpern gelegentlich der Ausführung der Erweiterung der Anlage nicht zulässig, so kann in diesem besonderen Falle eine Justierung dadurch bewirkt werden, daß man über der für später richtigen Skala eine interimistische Skala mit Begrenzung der Hahnöffnung anbringt. Allerdings werden, bevor die Erweiterung ausgeführt ist, diese Heizkörper bei mäßigem Heizen wärmer werden und die benachbarten Heizkörper beeinträchtigen.

Besser ist entschieden, die erforderliche Widerstandshöhe durch Reibungswiderstände, also durch Rohrverengung, zu schaffen; denn mit positiver Sicherheit kann man selten wissen, daß eine vorgesehene Vergrößerungsmöglichkeit auch wirklich ausgeführt wird.

Es liegt in der Natur der Sache, daß jede Verbesserung um so mehr Vorteile bringt, je mehr man sie anwendet und sich mit ihr vertraut macht; diese Rohrbestimmungsmethode macht keine Ausnahme. Durch einige Übung wird man sehr bald eine exakte Rohrbestimmung nach dieser Methode in kürzerer Zeit ausführen als eine oberflächliche, für die Ausführung unzulässige nach Faustregeln in Tabellenform. Die ganze Rohrbestimmung ist auf wenigen Tafelseiten zu bewirken.

Bei einiger Übung läßt sich der Gebrauch des Streckenteilers in sehr vielen Fällen mit genügender Genauigkeit durch Schätzung ersetzen, z. B. für sämtliche Vertikalstrecken, falls sie annähernd 4 m Länge haben. Ebenso ist die Anwendung des Streckenteilers nicht nötig, wenn für einen Heizkörperanschluß $\Sigma \frac{l}{d}$ nicht genau 4 sondern etwa 3,5 oder 4,5 beträgt. Ein kleiner Schätzungsfehler ist einflußlos. In diesem Buche mußte natürlich die exakte und, auch bei Mangel an Übung, einwandfreie Anwendung dieser Methode gezeigt werden. Wo vereinfachende Annahmen stattfanden, sind diese klargelegt worden.

Es konnte dem Praktiker überlassen bleiben, nach und nach sich weitere Vorteile, die durch diese Rohrbestimmungsmethode geboten werden, sich zu eigen zu machen.

Widerstandshöhen auf Tafel I bis Va.

Höhenmaßstäbe auf Tafel VI.

$v = 1,0$

$v = 0,9$

$v = 0,8$

$v = 0,7$

$$\mathfrak{S} = 4$$

$v = 0,6$

$\dfrac{v^2}{2g}$ $\Sigma \mathfrak{S}$

$v = 0,5$

$\delta = 0,011$

$v = 0,4$

$\delta = 0,014$

$v = 0,3$

$\delta = 0,019$ $v = 0,2$ $\delta = 0,025$

$\delta = 0,034$ $\delta = 0,039$

$W = $ 1000   2000   3000   4000   5000   6000   7000   8000   9000   10000

$$\mathfrak{S} = 5 \cdot 4$$

$\delta = 0,011$ $\delta = 0,014$ $v = 0,1$

$\delta = 0,019$

$\delta = 0,025$

$\delta = 0,034$ $\delta = 0,039$ $\delta = 0,049$ $\delta = 0,057$

$\delta = 0,057$ $\delta = 0,064$

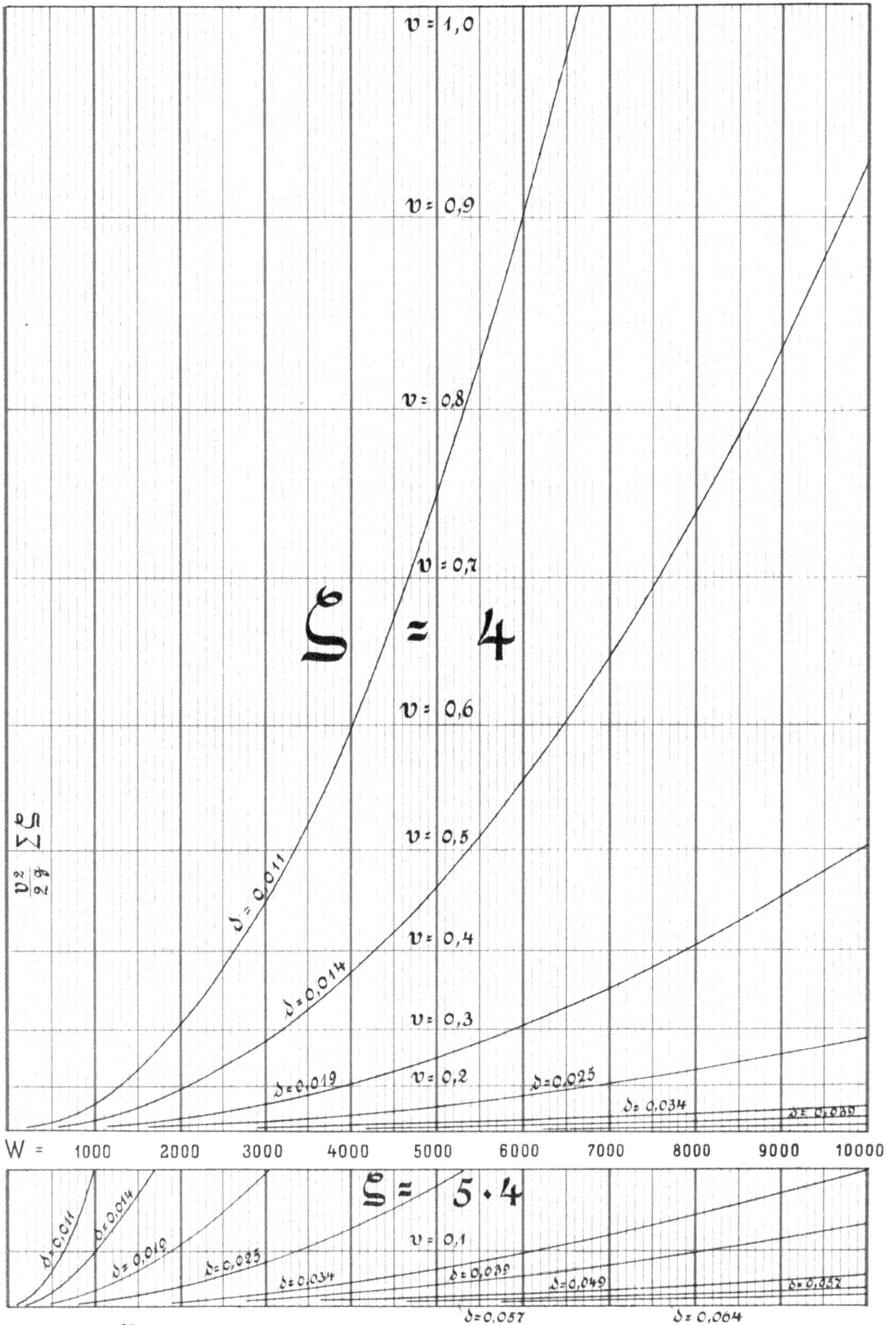

$\mathfrak{S}$ - **Widerstände** in fünffacher Gr. für $t' - t'' = 20$.

Taf. Iª

$\dfrac{v^2}{2g}\dfrac{\xi}{\delta}\ell$

$\ell = 4\,m$

δ = 0,011

δ = 0,014

δ = 0,019

δ = 0,025

δ = 0,034

δ = 0,039

δ = 0,049

W = 1000 2000 3000 4000 5000 6000 7000 8000 9000 10000

$\ell = 5\cdot4\,m$

δ=0,011 δ=0,014 δ=0,019 δ=0,025 δ=0,034 δ=0,039 δ=0,049 δ=0,057

δ = 0,057   δ = 0,064

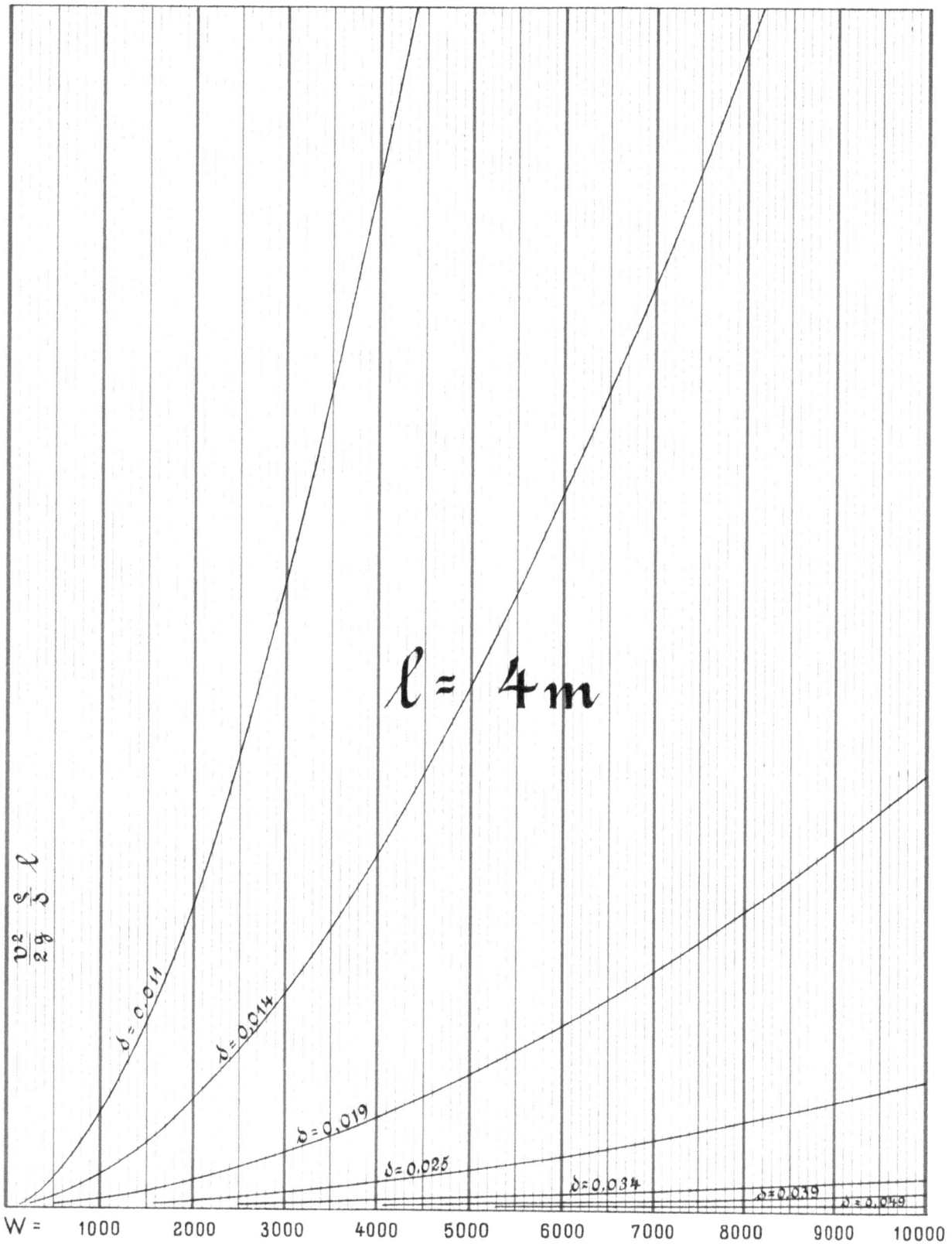

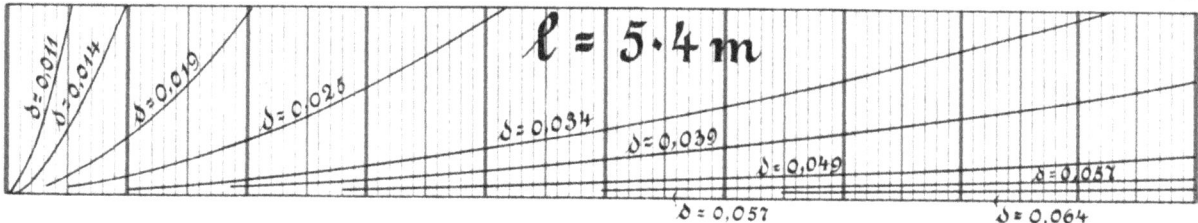

Reibungs-Widerstände in fünffacher Gr. für *t'-t"*= 20.

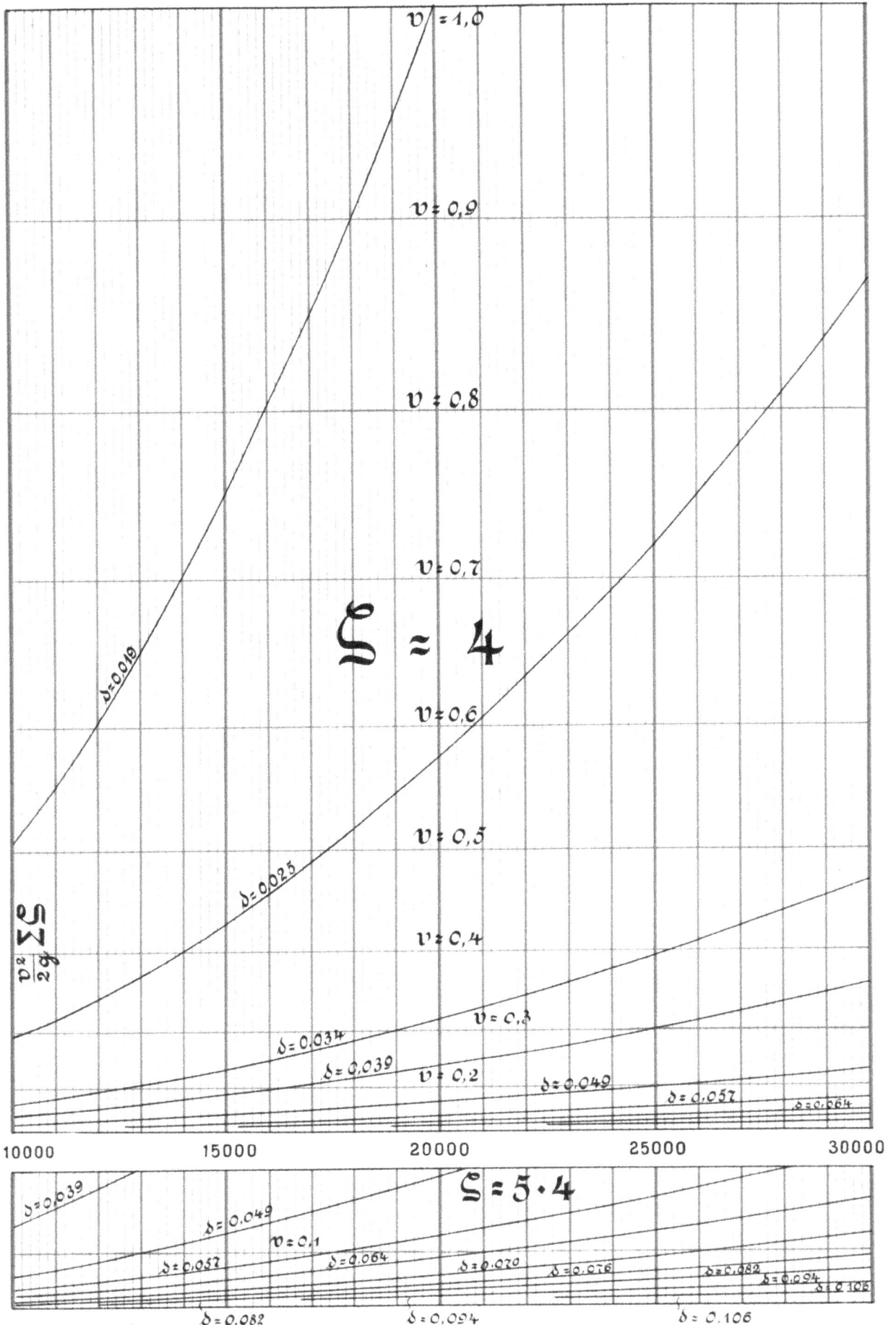

$v = 1,0$

$v = 0,9$

$v = 0,8$

$v = 0,7$

$\mathfrak{S} = 4$

$d = 0,019$

$v = 0,6$

$v = 0,5$

$\dfrac{v^2}{2g} \Sigma \mathfrak{S}$

$v = 0,4$

$d = 0,0025$

$v = 0,3$

$d = 0,034$

$d = 0,039$ $v = 0,2$ $d = 0,049$ $d = 0,057$ $d = 0,064$

10000   15000   20000   25000   30000

$d = 0,039$

$\mathfrak{S} = 5 \cdot 4$

$d = 0,049$

$d = 0,057$ $v = 0,1$ $d = 0,064$ $d = 0,070$ $d = 0,076$ $d = 0,082$ $d = 0,094$ $d = 0,106$

$d = 0,082$ $d = 0,094$ $d = 0,106$

$\mathfrak{S}$ - **Widerstände** in fünffacher Gr. für $t' - t'' = 20$.

$\delta = 0.019$

$\ell = 4\,\mathrm{m}$

$\delta = 0.025$

$\dfrac{v^2}{2g}\ \dfrac{s}{\delta}\ \ell$

$\delta = 0.034$

$\delta = 0.039$

$\delta = 0.049$

$\delta = 0.057$

10000   15000   20000   25000   30000

$\delta = 0.039$

$\ell = 5 \cdot 4\,\mathrm{m}$

$\delta = 0.049$

$\delta = 0.057$

$\delta = 0.064$

$\delta = 0.070$

$\delta = 0.076$

$\delta = 0.082$

$\delta = 0.082$ $\delta = 0.094$ $\delta = 0.106$

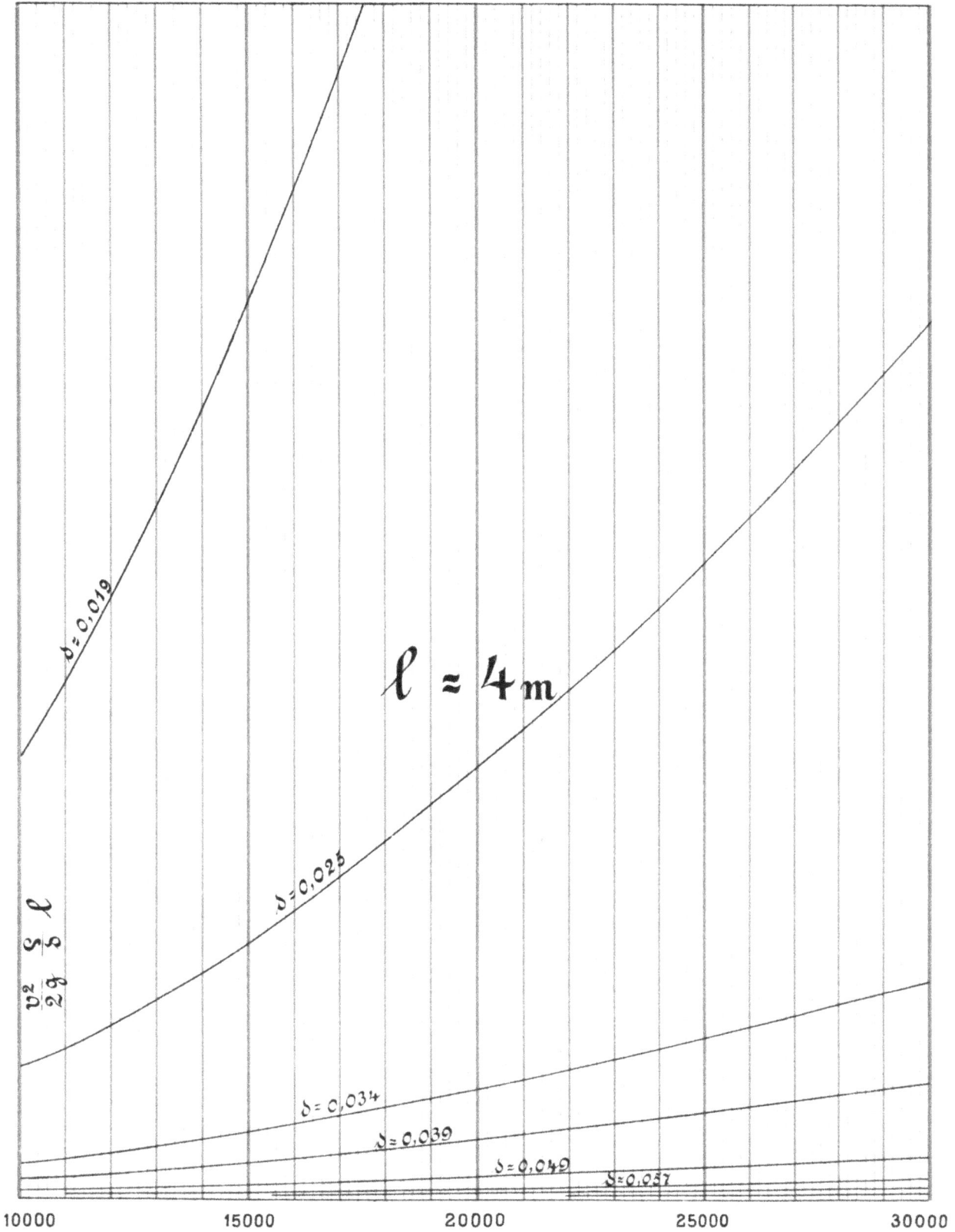

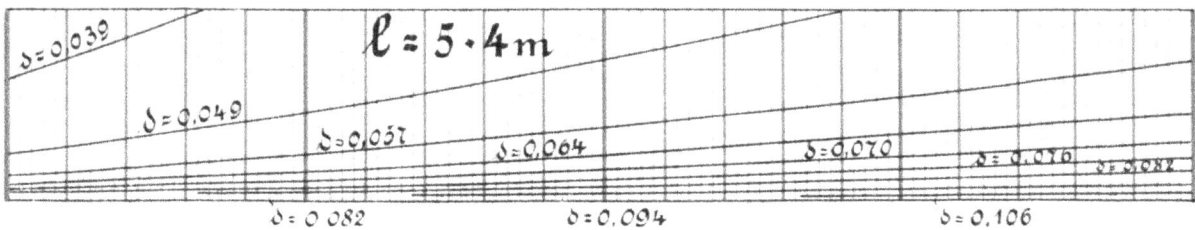

Reibungs-Widerstände in fünffacher Gr. für $t'-t'' = 20$.

Taf. III.

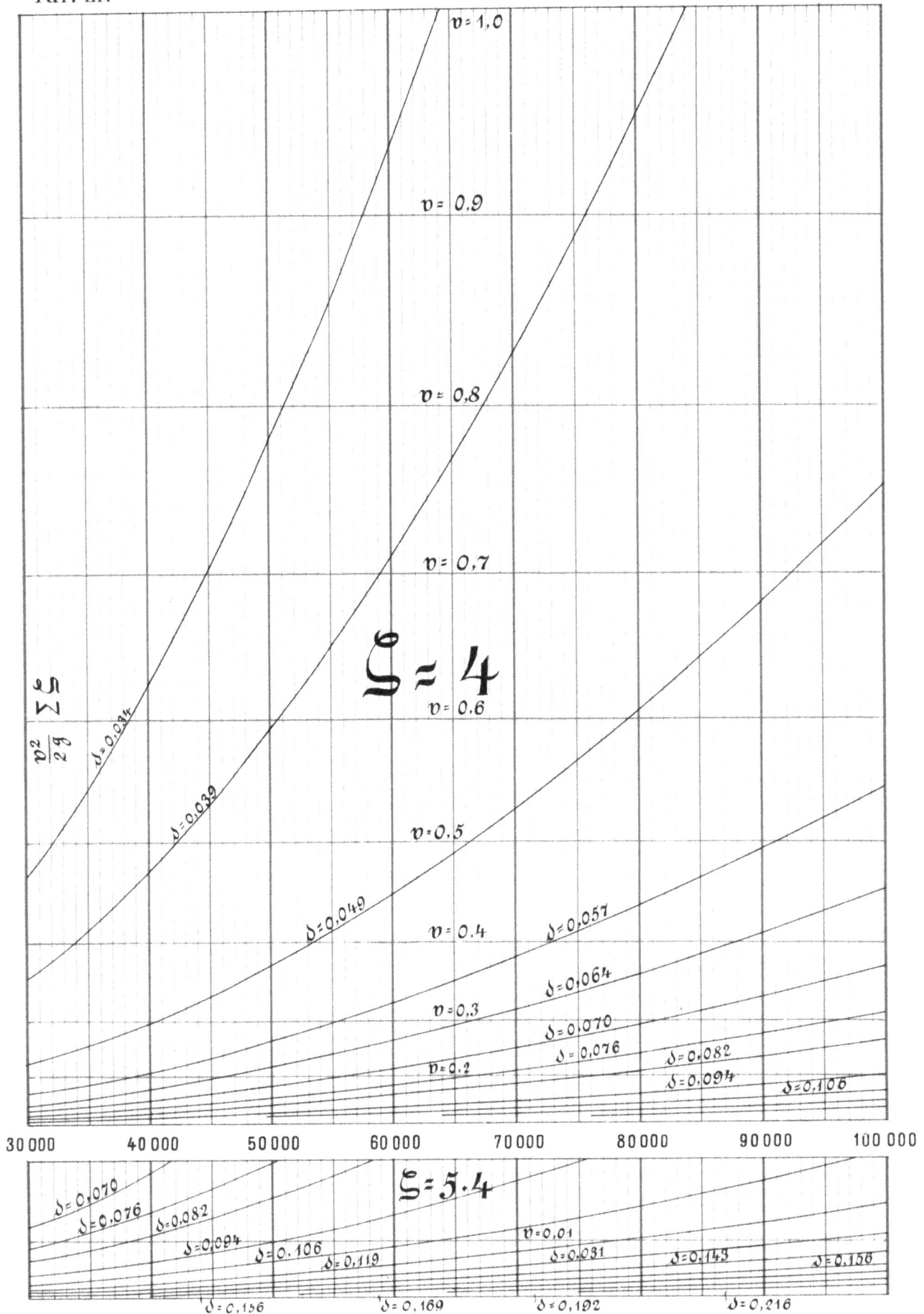

$\dfrac{a^2}{2g}\ \Sigma\,\zeta$

$v = 1,0$

$v = 0,9$

$v = 0,8$

$v = 0,7$

$\zeta = 4$
$v = 0,6$

$\delta = 0,034$

$\delta = 0,039$

$v = 0,5$

$\delta = 0,049$

$v = 0,4$

$\delta = 0,057$

$\delta = 0,064$

$v = 0,3$

$\delta = 0,070$

$\delta = 0,076$

$\delta = 0,082$

$v = 0,2$

$\delta = 0,094$

$\delta = 0,106$

30 000   40 000   50 000   60 000   70 000   80 000   90 000   100 000

$\zeta = 5,4$

$\delta = 0,070$

$\delta = 0,076$

$\delta = 0,082$

$\delta = 0,094$

$\delta = 0,106$

$\delta = 0,119$

$v = 0,01$

$\delta = 0,031$

$\delta = 0,143$

$\delta = 0,156$

$\delta = 0,156$

$\delta = 0,169$

$\delta = 0,192$

$\delta = 0,216$

ζ - Widerstände in fünffacher Gr. für $t' - t'' = 20$.

$\delta = 0,034$

$\delta = 0,039$

$\ell = 10\,m$

$\dfrac{v^2}{2g} \dfrac{\varrho}{\delta} \ell$

$\delta = 0,049$

$\delta = 0,057$

$\delta = 0,064$

$\delta = 0,070$

$\delta = 0,076$
$\delta = 0,082$

$\delta = 0,094$

$\delta = 0,106$

| 30 000 | 40 000 | 50 000 | 60 000 | 70 000 | 80 000 | 90 000 | 100 000 |

$\delta = 0,070$

$\delta = 0,076$
$\delta = 0,082$

$\ell = 5 \cdot 10\,m$

$\delta = 0,094$

$\delta = 0,106$

$\delta = 0,119$

$\delta = 0,131$

$\delta = 0,143$

$\delta = 0,156$

$\delta = 0,156$

$\delta = 0,169$

$\delta = 0,192$

$\delta = 0,216$

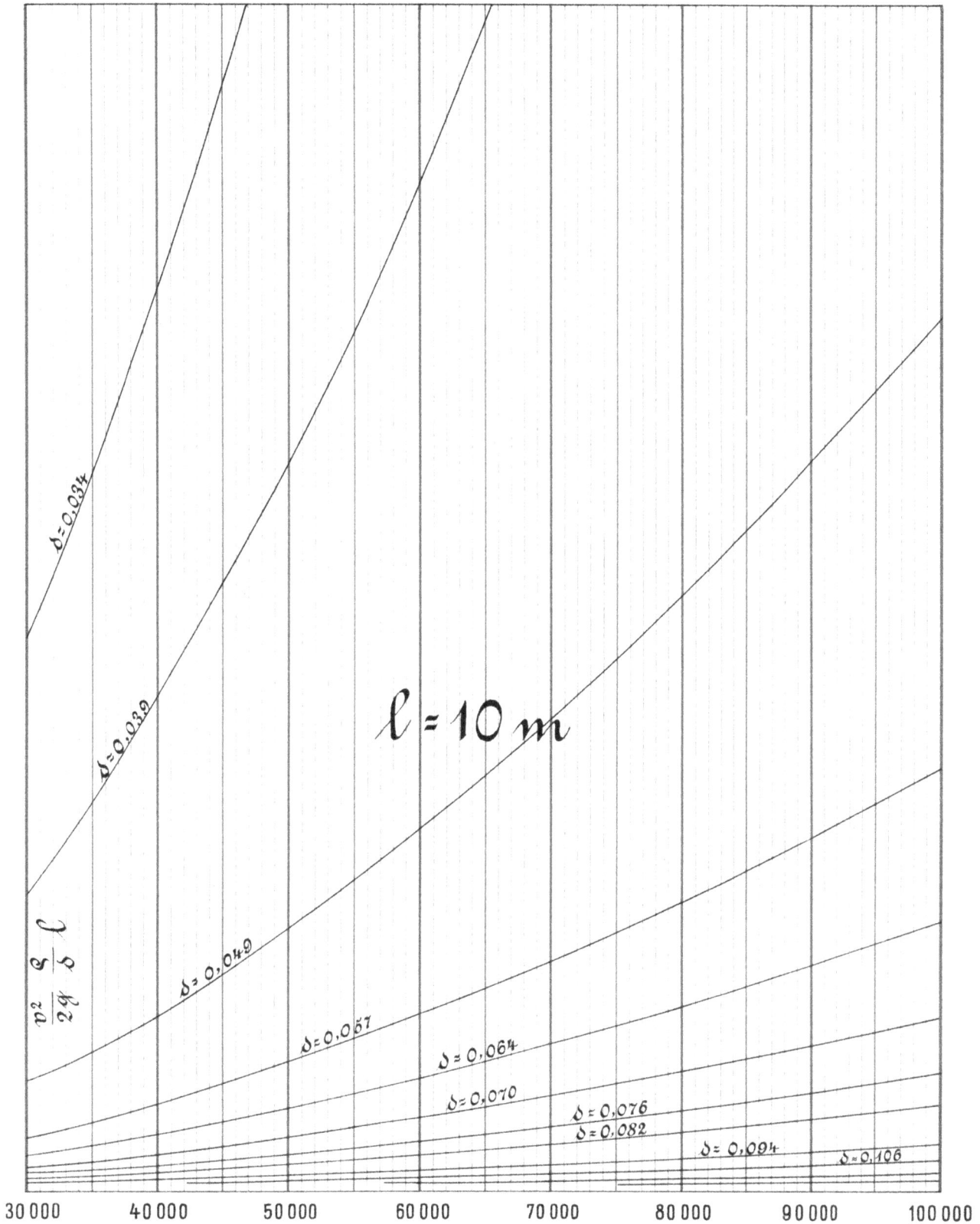

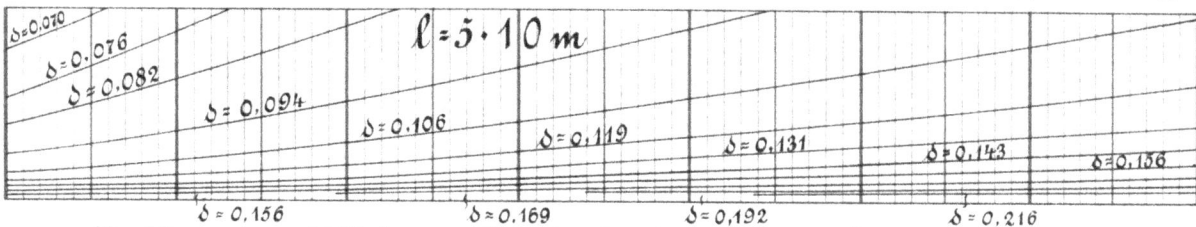

Reibungs-Widerstände in fünffacher Gr. für $t'-t'' = 20$.

Taf. IV.

$v = 1.0$

$v = 0.9$

$v = 0.8$

$v = 0.7$

$\delta = 0.049$

$\delta = 0.057$

$\xi = 4$

$v = 0.6$

$\delta = 0.064$

$\dfrac{v^2}{2g}\Sigma\xi$

$\delta = 0.070$

$\delta = 0.076$

$v = 0.5$

$\delta = 0.082$

$\delta = 0.094$

$v = 0.4$

$\delta = 0.106$

$v = 0.3$

$\delta = 0.119$

$\delta = 0.131$

$\delta = 0.143$

$\delta = 0.156$

$v = 0.2$

$\delta = 0.169$

$\delta = 0.192$

100 000   150 000   200 000   250 000   300 000

$\delta = 0.119$

$\delta = 0.131$

$\delta = 0.143$

$\delta = 0.156$

$\delta = 0.169$

$\xi = 5.4$

$v = 0.1$

$\delta = 0.192$

$\delta = 0.216$

$\delta = 0.241$

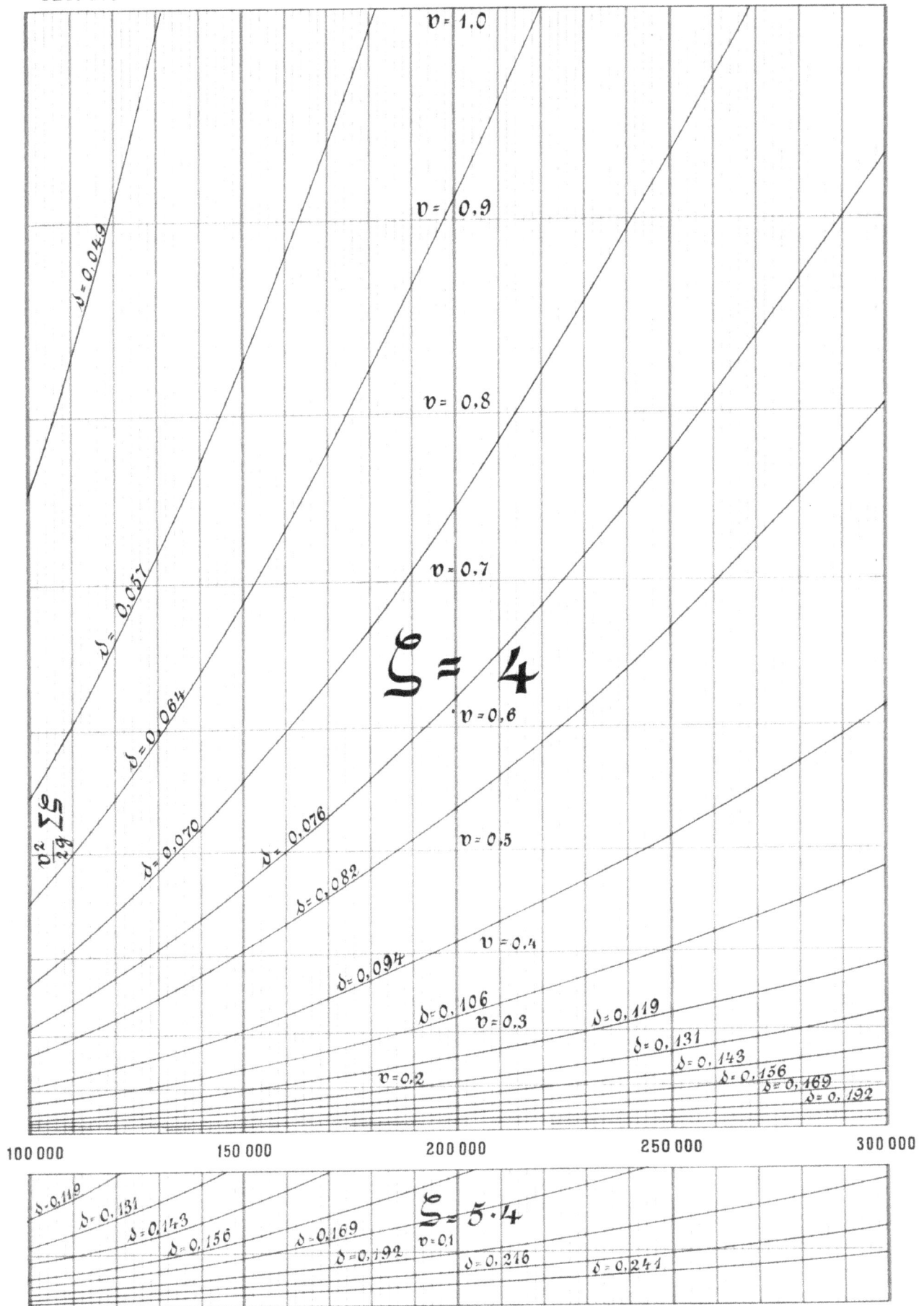

$\mathfrak{S}$ - Widerstände in fünffacher Gr. für $t' - t'' = 20$.

Taf. IVª

$\frac{v^2}{2g}\frac{\delta}{\delta}\ell$

$\delta=0,049$

$\delta=0,057$

$\delta=0,064$

$\delta=0,070$

$\ell=10\,m$

$\delta=0,076$

$\delta=0,082$

$\delta=0,092$

$\delta=0,106$

$\delta=0,119$

$\delta=0,131$

$\delta=0,143$

$\delta=0,156$

$\delta=0,169$

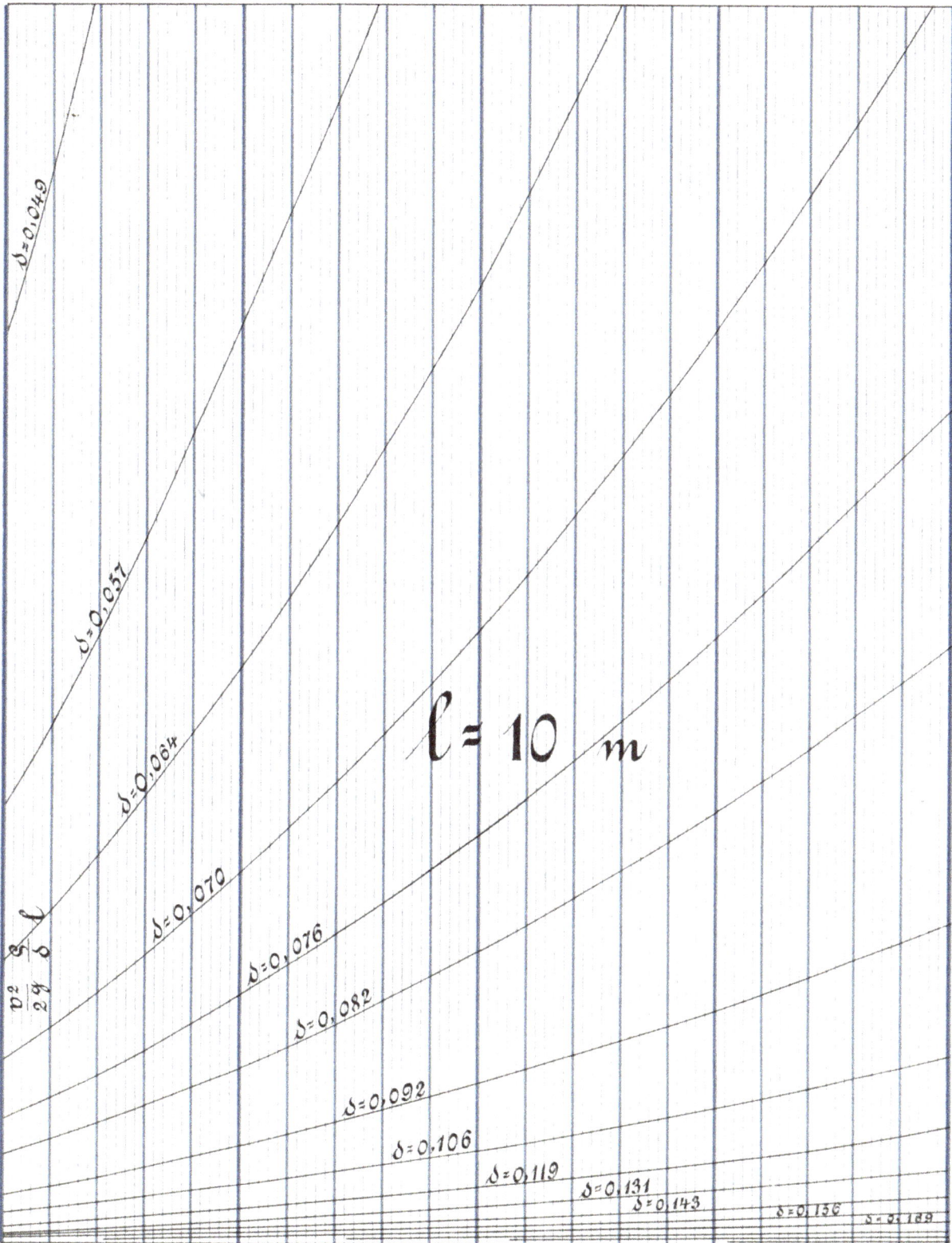

100 000   150 000   200 000   250 000   300 000

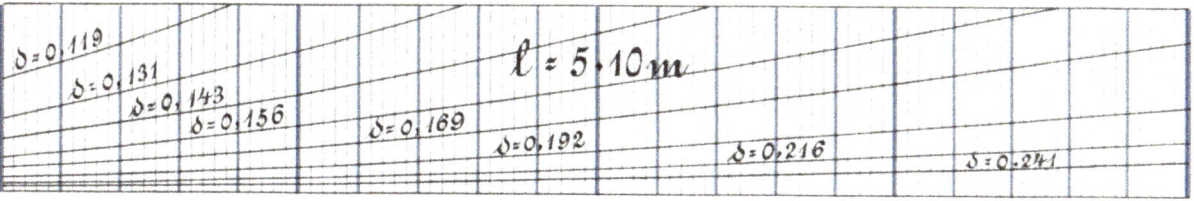

$\delta=0,119$
$\delta=0,131$
$\delta=0,143$
$\delta=0,156$
$\delta=0,169$
$\delta=0,192$
$\delta=0,216$
$\delta=0,241$

$\ell=5.10\,m$

Reibungs-Widerstände in fünffacher Gr. für $t'-t''=20$.

Taf. V.

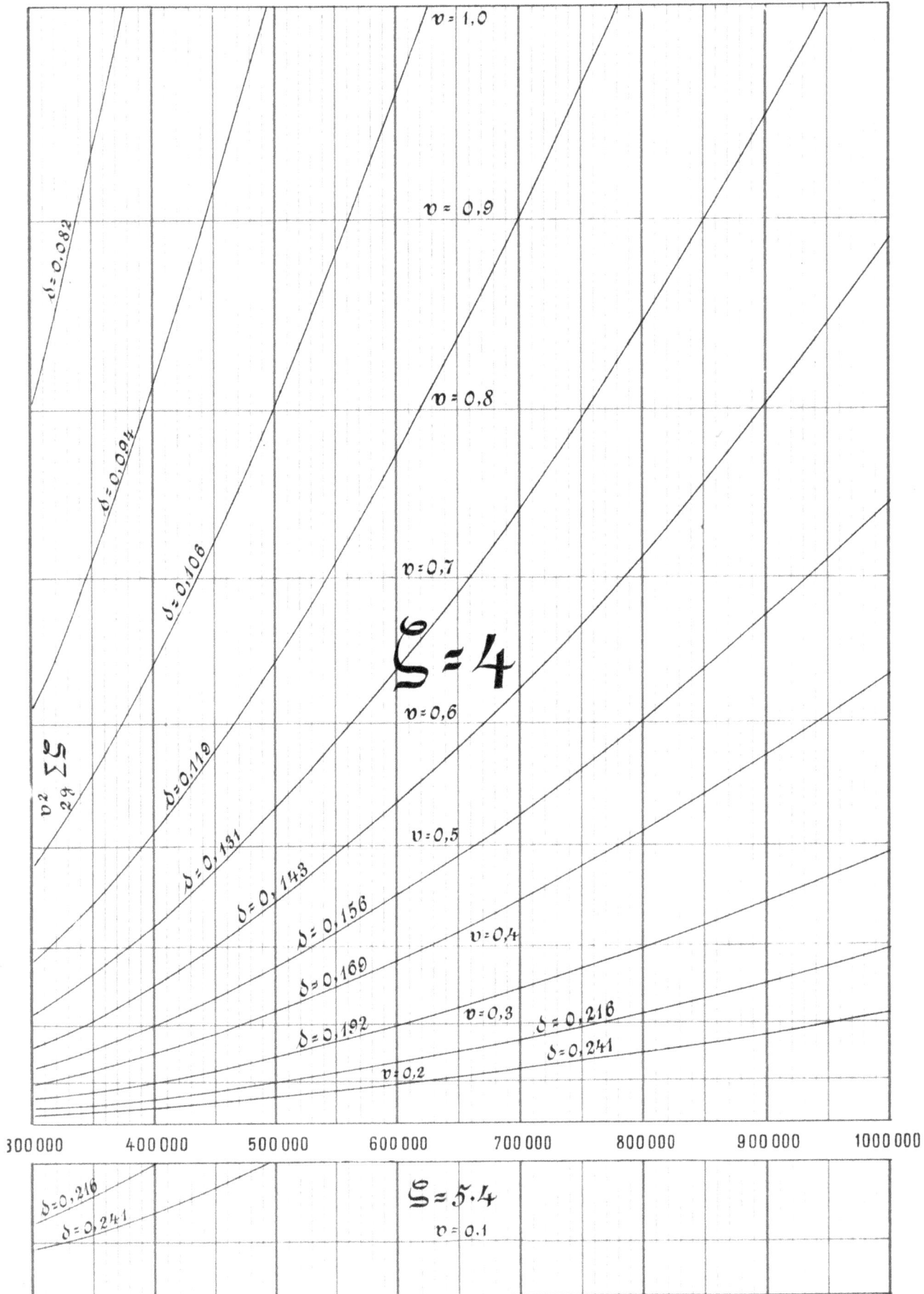

$v = 1{,}0$

$v = 0{,}9$

$v = 0{,}8$

$v = 0{,}7$

$\delta = 0{,}082$

$\delta = 0{,}094$

$\delta = 0{,}106$

$\mathfrak{S} = 4$

$v = 0{,}6$

$\frac{v^2}{2g} \Sigma \mathfrak{S}$

$\delta = 0{,}119$

$\delta = 0{,}131$

$v = 0{,}5$

$\delta = 0{,}143$

$\delta = 0{,}156$

$v = 0{,}4$

$\delta = 0{,}169$

$v = 0{,}3$ $\delta = 0{,}216$

$\delta = 0{,}192$ $\delta = 0{,}241$

$v = 0{,}2$

| 300 000 | 400 000 | 500 000 | 600 000 | 700 000 | 800 000 | 900 000 | 1 000 000 |

$\delta = 0{,}216$

$\delta = 0{,}241$

$\mathfrak{S} = 5{\cdot}4$

$v = 0{,}1$

$\mathfrak{S}$ - Widerstände in fünffacher Gr. für $t' - t'' = 20$.

Taf. Vª

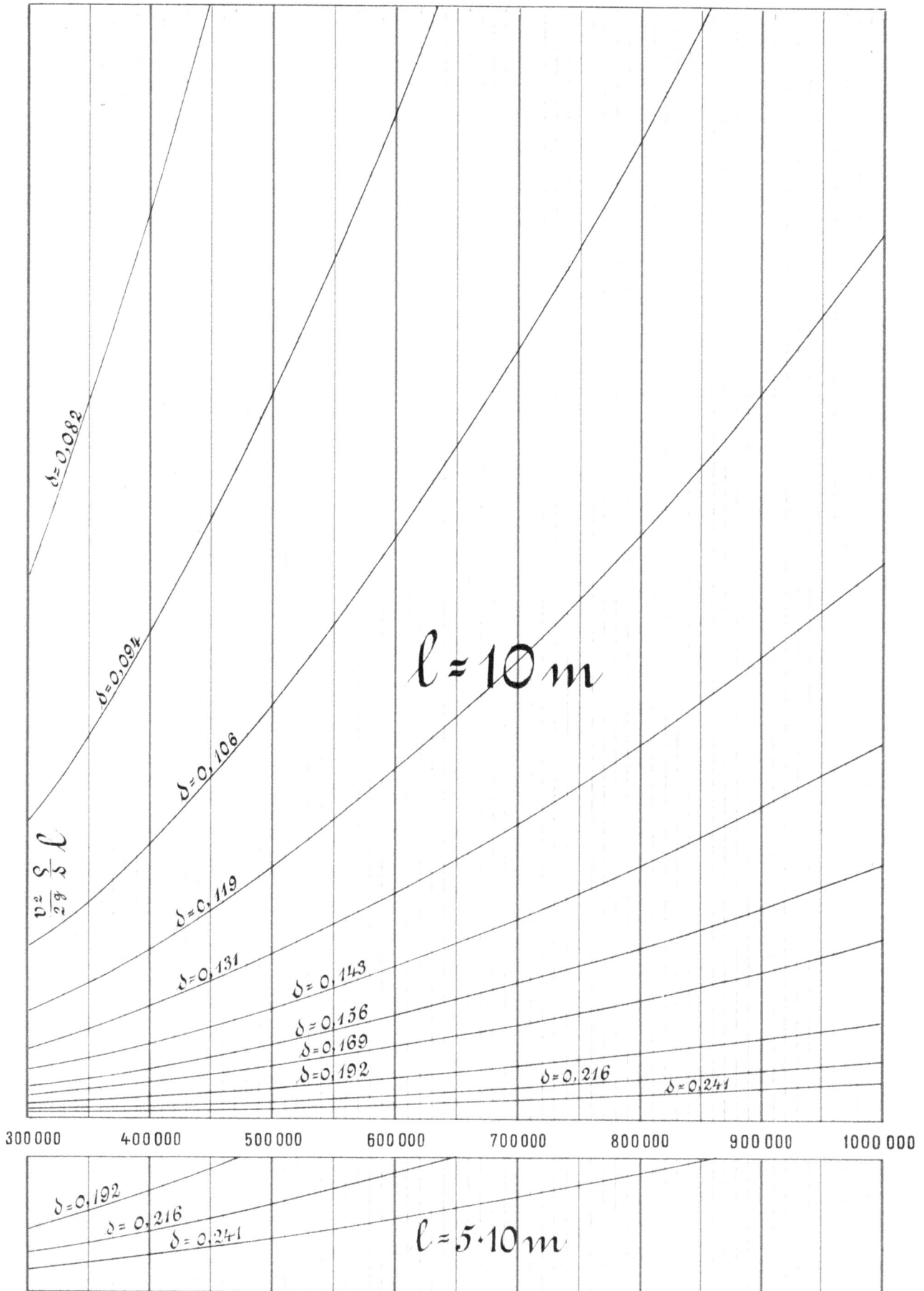

$\dfrac{v^2}{2g}\dfrac{S}{s}\ell$

$\delta = 0,082$

$\delta = 0,094$

$\delta = 0,106$

$\ell = 10\,m$

$\delta = 0,119$

$\delta = 0,131$

$\delta = 0,143$

$\delta = 0,156$

$\delta = 0,169$

$\delta = 0,192$

$\delta = 0,216$

$\delta = 0,241$

300 000 400 000 500 000 600 000 700 000 800 000 900 000 1000 000

$\delta = 0,192$

$\delta = 0,216$

$\delta = 0,241$

$\ell = 5\cdot 10\,m$

Reibungs-Widerstände in fünffacher Gr. für $t'-t''= 20$.

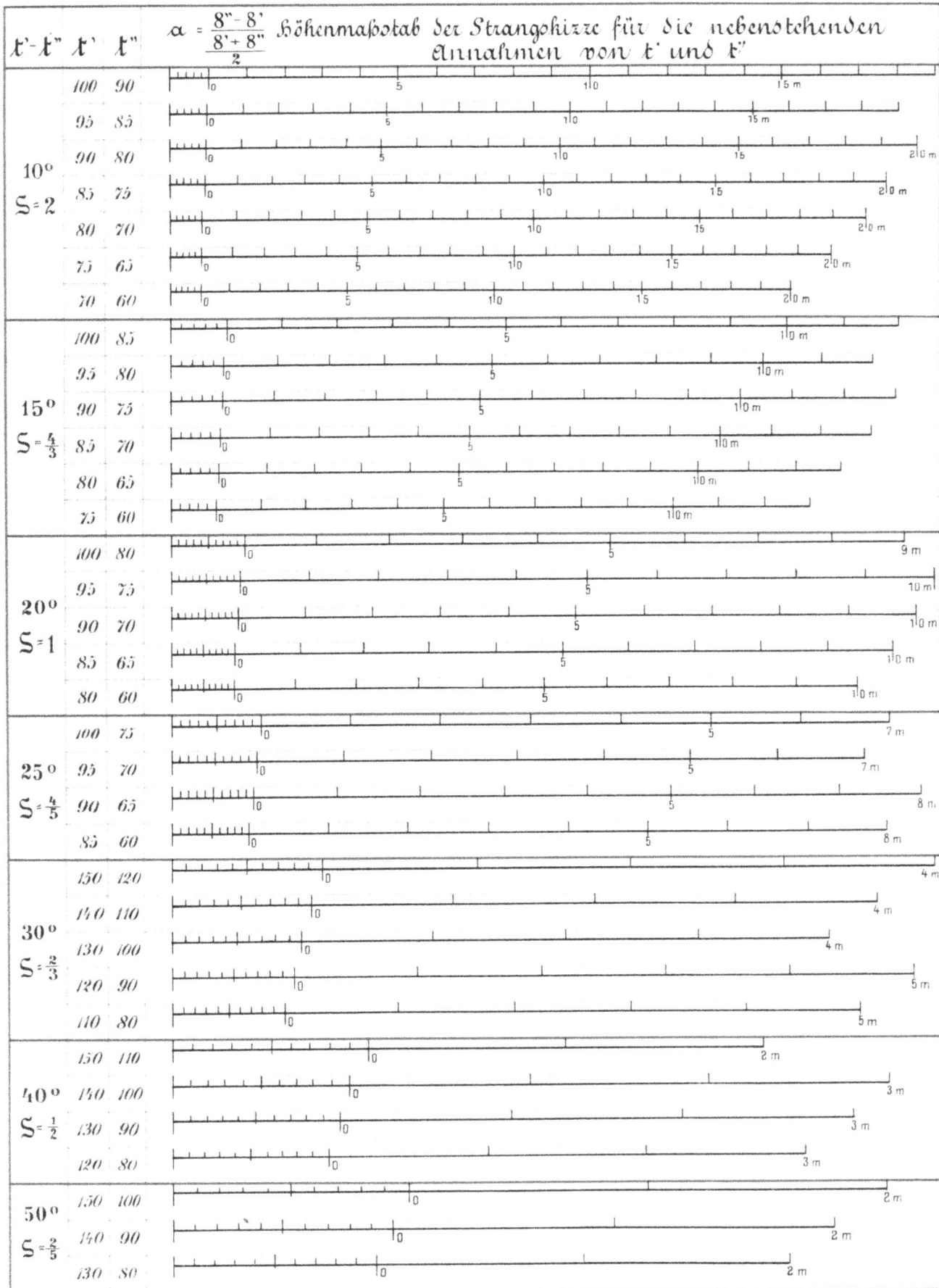

Taf. VI.

$t'-t''$	t'	t''	$\alpha = \dfrac{8''-8'}{\dfrac{8'+8''}{2}}$ Höhenmaßstab der Strangphizze für die nebenstehenden Annahmen von t' und t''
10° $S=2$	100	90	
	95	85	
	90	80	
	85	75	
	80	70	
	75	65	
	70	60	
15° $S=\frac{4}{3}$	100	85	
	95	80	
	90	75	
	85	70	
	80	65	
	75	60	
20° $S=1$	100	80	
	95	75	
	90	70	
	85	65	
	80	60	
25° $S=\frac{4}{5}$	100	75	
	95	70	
	90	65	
	85	60	
30° $S=\frac{2}{3}$	150	120	
	140	110	
	130	100	
	120	90	
	110	80	
40° $S=\frac{1}{2}$	150	110	
	140	100	
	130	90	
	120	80	
50° $S=\frac{2}{5}$	150	100	
	140	90	
	130	80	

Links — vom Kessel

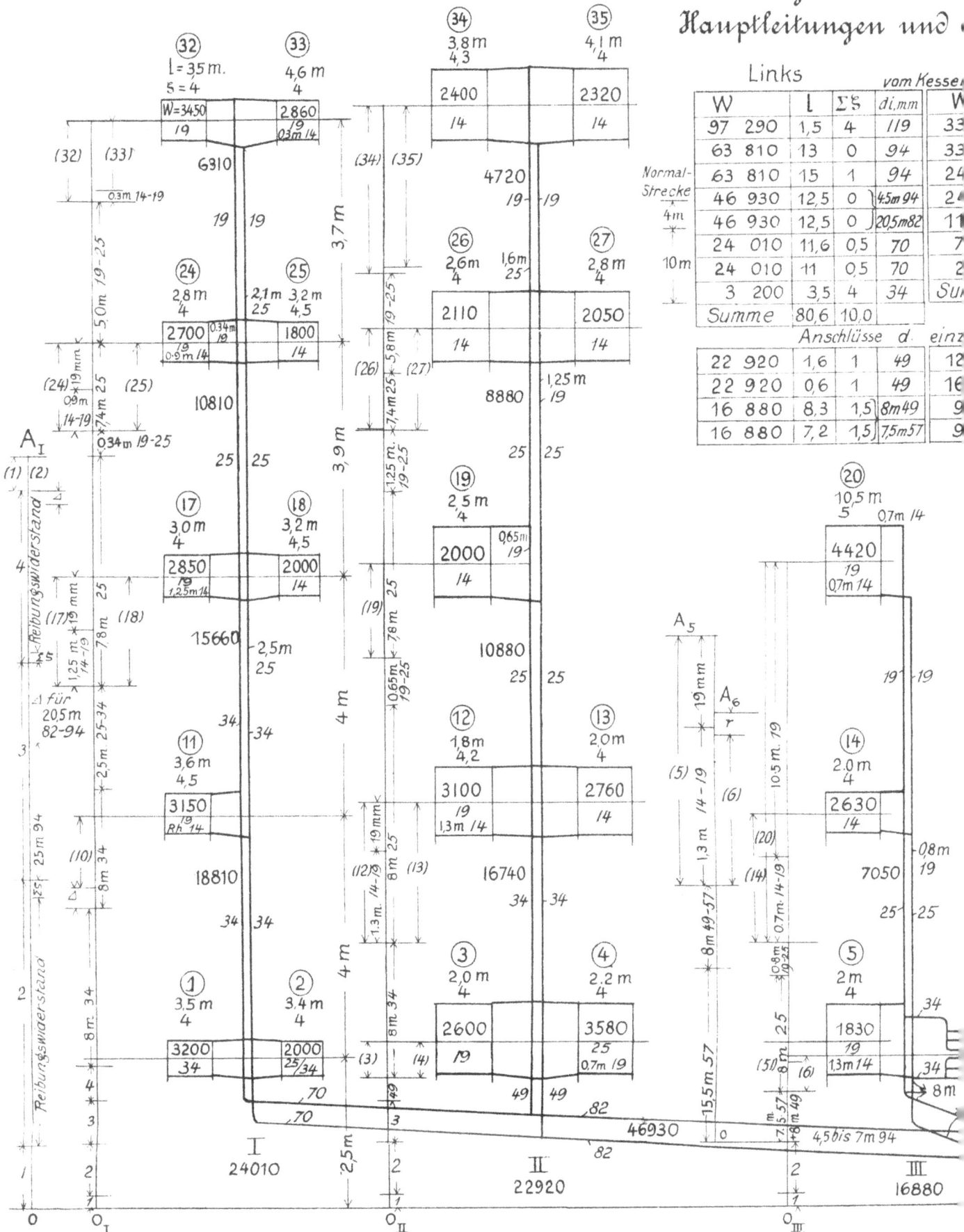

W		L	Σs	di, mm	W
97	290	1,5	4	119	33
63	810	13	0	94	33
63	810	15	1	94	24
46	930	12,5	0	4,5m 94	2
46	930	12,5	0	20,5m 82	11
24	010	11,6	0,5	70	7
24	010	11	0,5	70	2
3	200	3,5	4	34	Su
Summe		80,6	10,0		

Normal-Strecke 4m — 10m

Anschlüsse d. einz

22	920	1,6	1	49	12
22	920	0,6	1	49	16
16	880	8,3	1,5	8m 49	9
16	880	7,2	1,5	7,5m 57	9

(32) l = 3,5 m. s = 4 — (33) 4,6 m 4 — (34) 3,8 m 4,3 — (35) 4,1 m 4

W=3450 / 19 — 2860 / 19 / 0,3m 14 — 2400 / 14 — 2320 / 14

(32) (33) — 0,3m 14-19 — 6310 / 19 19 — (34) (35) 4720 / 19-19 — 3,7m

5,0m 19-25

(24) 2,8 m 4 — (25) 2,1 m 25 / 3,2 m 4,5 — (26) 2,6 m 4 / 1,6 m 25 — (27) 2,8 m 4

2700 / 0,34m 19 / 0,9m 14 — 1800 / 14 — 2110 / 14 — 2050 / 14

(24) 19mm 0,9m 14-19 (25) — 0,74m 19-25 0,34m 19-25 — 10810 / 25 25 — 3,9 m — (26) 5,8m 19-25 (27) — 8880 / 25 25 — 1,25 m / 19

A_I — (1) (2)

(19) 2,5 m 4 — (20) 10,5 m 5 / 0,7m 14

(17) 3,0 m 4 — (18) 3,2 m 4,5 — 2000 / 0,65m 19 — 4420 / 19 / 0,7m 14

2850 / 19 / 1,25m 14 — 2000 / 14 — 2000 / 14

Reibungswiderstand — 1,25 m 14-19 — 13 mm

(17) (18) — 7,8 m — 15660 / 34 -34 — 2,5 m 25 — 4 m — (19) 7,8m 19-25 0,65m 19-25 — 10880 / 25 25 — A_5 19mm — A_6 r — 19-19

Δ für 20,5 m 82-94 — 2,5 m 25-34

(11) 3,6 m 4,5 — (12) 1,8 m 4,2 — (13) 2,0 m 4 — (14) 2,0 m 4

3150 / 19 / Rh 14 — 3100 / 19 / 1,3m 14 — 2760 / 14 — 2630 / 14

(10) 8m 34 — (11) — 18810 / 34 34 — (12)-13 8m 34 (13) 1,3 m / 14-19 — 16740 / 34 -34 — (20) 0,7m 14-19 (14) — 7050 / 25 -25 — 0,8m 19

8m 34 — (1) 3,5 m 4 — (2) 3,4 m 4 — (3) 2,0 m 4 — (4) 2,2 m 4 — (5) 2 m 4

3200 / 34 — 2000 / 25/34 — 2600 / 19 — 3580 / 25 / 0,7m 19 — 1830 / 19 / 1,3m 14 — 34

Reibungswiderstand — 8 m 34 — (3) (4) — 0,8m 19-25 (5) 8m 49 (6) — 15,5 m 57 — 7,5-57 8m 49

70 / 70 — 49 — 49 49 — 82 — 46930 — 4,5 bis 7m 94 — 8m

I — 24010 — II — 22920 — III — 16880

0 — O_I — 2,5 m — O_II — O_III

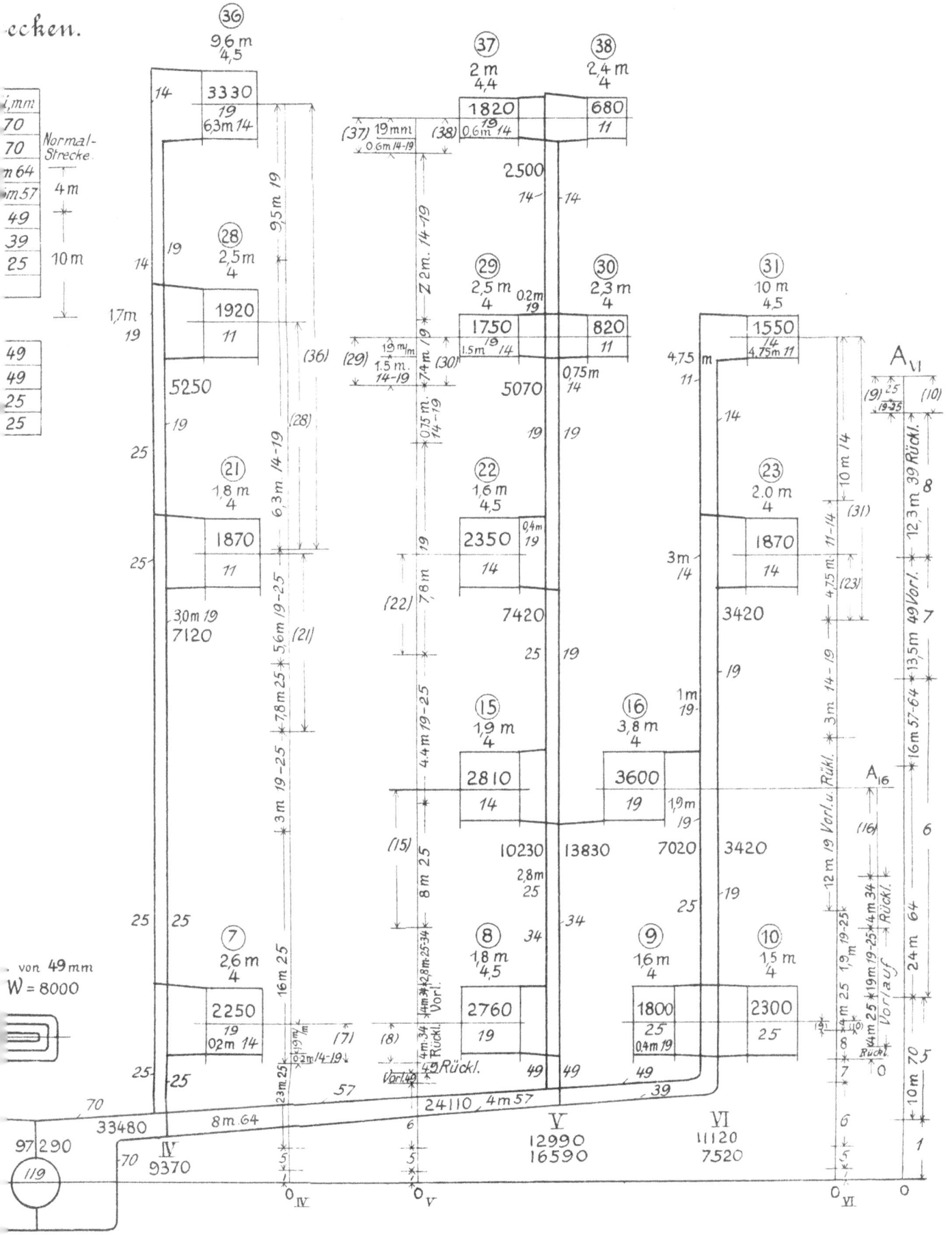

r

ecken.

i, mm	
70	
70	Normal-Strecke
m 64	4 m
m 57	
49	
39	10 m
25	

| 49 |
| 49 |
| 25 |
| 25 |

③⑥
9,6 m
4,5
14 | 3330
19
6,3m 14

9,5 m 19

②⑧
2,5 m
4
19 | 1920
11

1,7m
19

5250

25

②①
1,8 m
4
25 | 1870
11

3,0m 19
7120

25   25

⑦
2,6 m
4
2250
19
02m 14

25 25

16 m 25

23m 25

70
33480   8m.64

97 290
119

70
IV
9370

②⑦ ②⑧ ②①

(37) 19 mm (38)
0,6m 14-19   0,6m 19 14

③⑦
2 m
4,4
1820
19

③⑧
2,4 m
4
680
11

2.500

14 14

②⑨
2,5 m
4
1750
19

③⑩
2,3 m
4
820
11

(29) 19 m/m (30)
1,5 m 19
14-19 1,5m 14

0,75 m
14-19

5070

0,75m
14

19 19

②②
1,6 m
4,5
2350 0,4m
19
14

7420

25 19

⑮
1,9 m
4
2810
14

⑯
3,8 m
4
3600
19 1,9m
19

1m
19

10230 13830 7020 3420

2,8m
25

8 m 25

34 34

⑧
1,8 m
4,5
2760
19

⑨
1,6 m
4
1800
25
0,4m 19

⑩
1,5 m
4
2300
25

49 49 49 39

V
12990
16590

VI
11120
7520

③①
10 m
4,5
1550
14
4,75m 11

4,75 m
11

③③
2.0 m
4
1870
14

3m
14

3420

19

③①
A VI
(9) 25 (10)
19-25

12,3 m 39 Rückl.

10 m 4

13,5 m 49 Vorl.
(31)

4,75 m
(23)

3 m 14-19

16 m 57-64

12 m 19 Vorl. u. Rückl.
A 16
(16)

24 m 64

4m 25 19-25 4m 34 Rückl.

19-25 1,9 19-25
4 m 25

Vorlauf

6

5

10 m 70

1

0 IV   0 V   0 VI   0

von 49 mm
W = 8000

Warmwasserheizung. Strangskizze zur

mung der Röhren. $t' = 90$, $t'' = 65$. $S = \frac{4}{5}$ Tafel VIII.

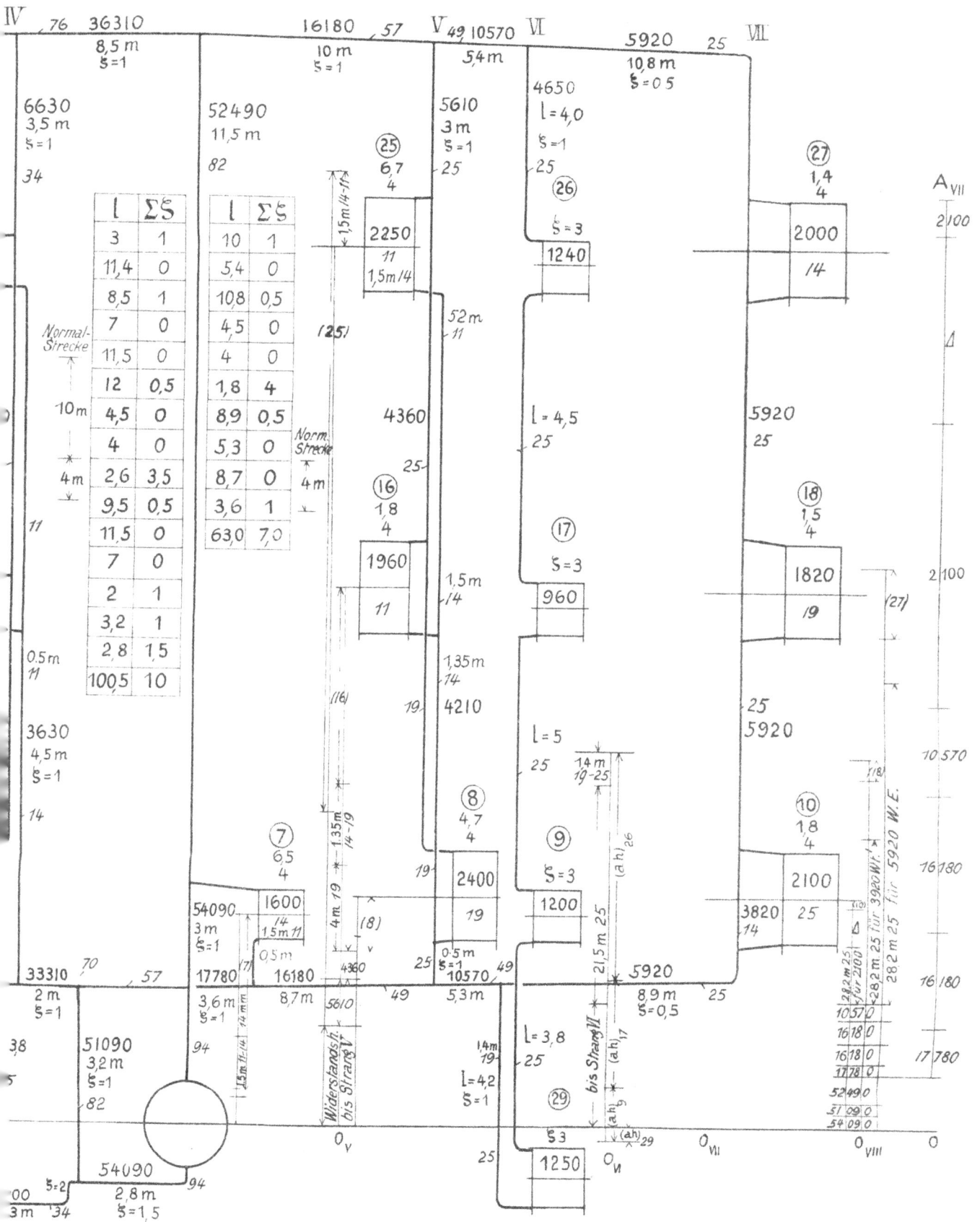

l	ΣS
3	1
11,4	0
8,5	1
7	0
11,5	0
12	0,5
4,5	0
4	0
2,6	3,5
9,5	0,5
11,5	0
7	0
2	1
3,2	1
2,8	1,5
100,5	10

l	ΣS
10	1
5,4	0
10,8	0,5
4,5	0
4	0
1,8	4
8,9	0,5
5,3	0
8,7	0
3,6	1
63,0	7,0

IV 76 36310   16180 57   V 49 10570 VI   5920 25 VII

8,5 m, S=1; 6630 3,5 m S=1 34; 52490 11,5 m 82; 10 m S=1; 5,4 m; 5610 3 m S=1; 4650 l=4,0 S=1; 10,8 m S=0,5

Normal-Strecke; 10 m; 4 m; 11; 0,5 m; 3630 4,5 m S=1 14

33310 70 57; 17780; 16180 8,7 m; 10570 5,3 m; 5920 8,9 m S=0,5 25

51090 3,2 m S=1 82; 54090 2,8 m S=1,5

(25) 6,7 4; 2250; (16) 1,8 4; 1960; (7) 6,5 4; 1600; (8) 4,7 4; 2400; (9) S=3 1200; (26) 1240; (17) 960; (18) 1,5 4; 1820; (27) 1,4 4; 2000; (10) 1,8 4; 2100; (29) 1250

A_VII; 2100; 10570; 16180; 17780

Dreischenkliger Zirkel

für diagrammatische Arbeiten.

Die Bearbeitung der im Gesundheits-Ingenieur mit der auszugsweisen Bekanntgabe der Graphischen Rohrbestimmungs-Methode abgedruckten Beispiele ist mittels eines gewöhnlichen Abgreifzirkels geschehen. Da man aber die linke Hand zur Handhabung des Streckenteilers, auch wohl zum Umblättern der Diagrammtafeln gebraucht, so muß man mit der rechten den Zirkel handhaben **und** das Fazit der Übertragung der Widerstandshöhen in die Strangskizze mittels Bleistift eintragen. Bei Benutzung eines gewöhnlichen Zirkels muß man nach jeder Streckenübertragung den Zirkel aus der Hand legen und einen Bleistift ergreifen. Auch selbst wenn der Bleistift stets bequem zur Hand liegt, so erfordert der stetige Wechsel des Zeichenutensils Zeitverlust. Ich habe daher beide Instrumente, Zirkel und Bleistift zu einem dreischenkligen Zirkel vereinigt. Die Arbeit der Rohrbestimmung wird dadurch in ganz überraschender Weise beschleunigt.

Mit diesem neuen Zirkel habe ich die Beispiele der Buchausgabe und eine Anzahl von Strangskizzen, die mir von Heizungsfirmen zugingen, bearbeitet und war selbst überrascht, in welchem Maße die Arbeit durch diese einfache Kombination der beiden Zeicheninstrumente, die sich übrigens auch für alle topographischen und sonstigen Arbeiten mit Diagrammen vorzüglich eignet, beschleunigt wird.

Die Zirkelschenkel bestehen aus hartem Holz, zur Erzielung einer leichten und gleichmäßigen Schenkelbewegung sind die sich reibenden Flächen im Gelenke durch Messingblechplättchen getrennt. Der eine äußere Schenkel hat als geradlinig verlängerte Spitze einen sog. Künstlerstift, die beiden anderen Spitzen aus Stahl sind mit Etagenbögen derartig an die Bleispitze herangekröpft, daß auch dann, wenn die Spitzen unmittelbar sich berühren, die hölzernen Schenkel einen größeren Abstand haben, zwecks bequemer Bewegung derselben mit den Fingern der rechten Hand allein.

Der durch Gebrauchsmuster geschützte Zirkel ist fein poliert und kostet einschl. Verpackung 3,00 Mark.

Die Herstellung des Zirkels geschieht durch einen geeigneten Fabrikanten unter meiner Kontrolle.

Der Versand erfolgt seitens des Fabrikanten unter Nachnahme des Betrages, falls derselbe nicht der Bestellung, die ich an mich zu richten bitte, beigefügt ist.

Berlin SO. 16,
Engel-Ufer 4a.

W. Schweer,

konsultierender Ingenieur für Heizung und Lüftung.